John Pucadyil

Processos de plasma para energia e ambiente

John Pucadyil

Processos de plasma para energia e ambiente

O papel omnipresente do processamento de plasma nas tecnologias para energia limpa e ambiente

ScienciaScripts

Imprint

Any brand names and product names mentioned in this book are subject to trademark, brand or patent protection and are trademarks or registered trademarks of their respective holders. The use of brand names, product names, common names, trade names, product descriptions etc. even without a particular marking in this work is in no way to be construed to mean that such names may be regarded as unrestricted in respect of trademark and brand protection legislation and could thus be used by anyone.

Cover image: www.ingimage.com

This book is a translation from the original published under ISBN 978-3-659-94524-3.

Publisher:
Sciencia Scripts
is a trademark of
Dodo Books Indian Ocean Ltd. and OmniScriptum S.R.L publishing group

120 High Road, East Finchley, London, N2 9ED, United Kingdom
Str. Armeneasca 28/1, office 1, Chisinau MD-2012, Republic of Moldova, Europe
Printed at: see last page
ISBN: 978-620-0-85559-6

Índice:

Processos de plasma para energia e ambiente
P. I. João

Capítulo 1
1. Introdução

Os cientistas acreditam que o plasma é o estado da matéria mais difundido no Universo. No estado de plasma, os átomos são ionizados e decompostos em electrões e iões positivos. O Sol, as estrelas e o espaço interplanetário estão todos no estado de plasma. Apenas os raros planetas ou pedaços de rocha que se lançam aqui e ali no espaço são sólidos.

O plasma é uma nuvem de partículas carregadas, geralmente com neutralidade global de carga, que apresenta fenómenos colectivos porque as partículas interagem através de forças de Coulomb de longo alcance. Nas interacções colectivas, muitas partículas carregadas interagem simultaneamente porque a força de Coulomb em cada partícula carregada é uma "força de longo alcance" que diminui com o recíproco do quadrado da distância à partícula carregada. Assim, uma partícula de "teste" experimenta a soma das forças do campo elétrico de muitas partículas carregadas próximas. A interação é colectiva porque as partículas experimentam e respondem ao campo elétrico de todas as outras partículas carregadas próximas, bem como ao da partícula de teste. Por isso, o plasma é um meio altamente polarizável. Estas interacções colectivas de muitos corpos num plasma conduzem a uma grande variedade de fenómenos interessantes: Blindagem de Debye de cargas individuais, oscilações na frequência do "plasma", resposta dieléctrica a perturbações e propagação de ondas.

É importante notar que as partículas que constituem o plasma podem não estar ligadas, mas não são "livres". Quando as cargas se movem, geram correntes eléctricas e os fios invisíveis dos campos magnéticos gerados por estas correntes ligam outras partículas carregadas e, consequentemente, todas elas são afectadas pelos campos umas das outras. Isto determina o seu comportamento coletivo com muitos graus de liberdade. A energia interna, composta por campos térmicos, eléctricos, magnéticos e de radiação, cujas magnitudes relativas permitem que o plasma exista num espaço de parâmetros alargado e multidimensional. O espaço de parâmetros dos plasmas naturais e artificiais é apresentado na Fig. 1.

Os plasmas, em várias manifestações, são já a base de dispositivos de consumo para a vida contemporânea: como as lâmpadas fluorescentes e a televisão de plasma. As propriedades do estado do plasma podem ser exploradas de modo a torná-lo um instrumento de fabrico versátil e único para produzir bens de consumo, desde pastilhas de silício a implantes biomédicos. Os fluxos de plasma de alta energia podem ser utilizados para fundir metais e converter resíduos em energia. Os fluxos de plasma frio quimicamente activos podem ser utilizados para limpar superfícies ou curar erupções cutâneas. Os plasmas podem servir de mediadores na formação de películas finas de elevada funcionalidade. Os propulsores de plasma podem dar impulso aos satélites para os manter em órbitas estáveis.

Esta monografia explora o papel omnipresente do plasma em alguns domínios relacionados com a energia e o ambiente. O processamento de plasma desempenha um papel importante na realização de dispositivos fotovoltaicos modernos utilizados para converter a energia solar em eletricidade. A contaminação atmosférica das emissões industriais e veiculares é melhorada através de processos mediados por plasma. O impacto negativo dos resíduos na degradação ambiental é reduzido através de processos de plasma para a conversão de resíduos em energia. Os combustíveis de hidrocarbonetos são reduzidos em carbono e menos prejudiciais para o ambiente com técnicas de plasma para a descarbonização de combustíveis. A libertação de energia nuclear através do processo de fusão de plasma termonuclear seria talvez a maior dádiva da ciência dos plasmas. No entanto, isto ainda está demasiado longe no futuro e, por essa razão, não o discutiremos neste livro.

O processamento de plasma explora o facto de os plasmas ocuparem um espaço de parâmetros extremamente alargado em termos de densidade, temperatura ou reatividade química. A densidade pode variar mais de 30 ordens, enquanto a temperatura pode variar mais de 10. As escalas de tempo relevantes podem variar de segundos a picossegundos. Os plasmas podem fornecer temperaturas e densidades de energia mais elevadas do que qualquer outro meio. Os plasmas podem excitar espécies atómicas e moleculares e fazê-las irradiar de forma tão eficiente. Os plasmas podem apresentar elevados níveis de transientes e condições de não-equilíbrio. Certos plasmas podem ter comprimentos de escala de densidade e temperatura curtos, permitindo a rápida extinção de produtos químicos.

Alguns dos trabalhos descritos abaixo foram efectuados no Centro de Facilitação para Tecnologias de Plasma Industrial (FCIPT), um centro único criado em 1997 para ligar o Instituto de Investigação de Plasma à indústria através dos processos de desenvolvimento tecnológico, demonstração, incubação e comercialização. Um grupo multidisciplinar de físicos de plasma, químicos, cientistas e engenheiros de materiais e superfícies desenvolveu uma capacidade colectiva para concetualizar novos processos, validá-los através de experiências exploratórias iniciais, caraterizar e otimizar o processo e desenvolver instalações piloto e protótipos para realizar os processos a uma escala de interesse para as indústrias. O FCIPT é um exemplo raro na Índia de conversão da Física em produtos e processos social e comercialmente relevantes.

Capítulo 2
2. Fontes e processos de plasma

O plasma é um gás ionizado. A energia para a ionização pode ser fornecida através de radiação electromagnética, feixes de partículas, aquecimento por choque, etc. O método mais conveniente para produzir plasma consiste em submeter um gás a um campo elétrico. Num campo elétrico, os electrões são acelerados e ganham energia; colidem com os átomos para derrubar mais electrões, levando a uma avalanche de ionização. Isto resulta numa descarga eléctrica.

A energia cinética adquirida pelos electrões a partir do campo elétrico é partilhada com as moléculas de gás neutro mais pesadas através de colisões. Nos plasmas de baixa pressão, os caminhos livres médios são longos e, portanto, as colisões entre partículas são raras. Nestas condições, a temperatura do eletrão permanece mais elevada do que a temperatura das partículas pesadas. Por conseguinte, não existe equilíbrio térmico entre os electrões e as partículas pesadas. As partículas pesadas do gás permanecem frias.

Os plasmas de baixa pressão produzidos em vários tipos de descargas incandescentes, em descargas de baixa intensidade e alta frequência e em descargas corona são exemplos típicos de plasmas frios. Mesmo a alta pressão, é possível obter plasmas frios fornecendo a energia eléctrica em impulsos. Para energias de electrões > 3 eV, a transferência de energia através de colisões inelásticas é muito eficiente. Se, antes de os electrões partilharem totalmente a sua energia com os neutros, a energia for desligada, os electrões nunca se termalizarão com as partículas pesadas (Fig.2). Um conjunto repetitivo de impulsos criará explosões sequenciais de plasma transitório, com electrões energéticos e neutros frios. A descarga por barreira dieléctrica é um exemplo de plasma não térmico à pressão atmosférica. Uma camada dieléctrica num dos eléctrodos limita o fluxo de corrente na descarga a curtas durações e, por conseguinte, limita o fluxo de energia eléctrica para os electrões. As fontes de plasma frio de pressão atmosférica (APCP) abrem uma série de possibilidades de aplicação interessantes, em que o processamento em vácuo acarreta uma série de limitações. A notável riqueza das fontes de plasma é ilustrada na Fig. 3.

A alta pressão, o plasma é dominado por colisão. O equilíbrio termodinâmico local (LTE) pode prevalecer, o que inclui o equilíbrio cinético (temperatura igual de todas as espécies), bem como o equilíbrio químico, ou seja, as concentrações de partículas em plasmas LTE são apenas uma função da temperatura. A temperatura pode ser muito elevada, na ordem das dezenas de milhares de graus. As descargas de arco sustentadas pela emissão termiónica do cátodo são um bom exemplo de um plasma térmico. Descargas indutivas de alta frequência e descargas de micro-ondas em pressão atmosférica são outros exemplos de plasmas térmicos. O plasma contém electrões, que podem absorver energia de campos eléctricos. A energia cinética dos electrões pode ser convertida em campos eléctricos de carga espacial e em energia térmica. O plasma protege e localiza os potenciais eléctricos aplicados externamente, criando regiões de campo elétrico intenso denominadas bainhas ou camadas duplas, através das quais as partículas de plasma podem ser aceleradas. As espécies quimicamente activas podem ser criadas em colisões entre electrões energéticos e neutros. A interação das partículas de plasma energético com as superfícies leva à libertação de partículas por pulverização catódica e evaporação. Existe um fundo de radiação energética produzido quer por processos atómicos quer por interação com campos electromagnéticos.

As moléculas só reagem quimicamente quando têm energia suficiente para ultrapassar as barreiras de ativação. As colisões de electrões com moléculas podem transferir maior energia num ambiente de plasma, transformando as moléculas neutras numa variedade de espécies excitadas ou dissociando-as. Podem formar-se novas espécies, como neutros superexcitados, iões positivos e negativos. O plasma torna-se uma poderosa ferramenta química e assume o papel de catalisador, uma vez que estas novas espécies não podem ser geradas na química convencional em quantidades significativas. A redução da temperatura de reação ou o aumento da taxa de reação a uma dada temperatura são efeitos amplamente reconhecidos do plasma.

No entanto, a excitação e a dissociação por electrões de plasma com uma ampla distribuição de energia não são selectivas. A grande variedade de espécies reactivas presentes num sistema de plasma conduz a um grande número de reacções e é quase impossível controlar as reacções decisivas de importância específica. É possível uma nova química com a intervenção de electrões de alta energia na cauda da função de distribuição de energia dos electrões e com o forte campo elétrico microscópico presente nos plasmas sem equilíbrio.

O ambiente de plasma facilita muitas reacções químicas em simultâneo. A predominância de uma reação específica depende dos parâmetros do processo, como o tipo de gás, o caudal, a pressão, a potência aplicada, etc. As reacções são heterogéneas na presença de limites e substratos. A competição entre a ablação e a deposição rege os processos relacionados com a superfície. Quando são utilizados vapores orgânicos, ocorre polimerização e deposição por plasma. Durante a gravação e a deposição, o material interage com as espécies activas e os precursores da fase gasosa através da superfície. Isto significa que as condições da superfície, como a contaminação, a presença de inibidores, camadas de barreira, a adsorção de gases, etc., são importantes e afectam a cinética do processo e as propriedades das películas depositadas.

Um aspeto interessante da química do plasma [Fridman 2008] é a síntese de moléculas complexas a partir de materiais de partida simples. As reacções típicas que ocorrem são a isomerização, a dimerização, a polimerização e a destruição do material de partida. Por exemplo, uma mistura de metano, água, azoto e oxigénio, etc., sob uma descarga incandescente acaba por produzir aminoácidos, que são os materiais de base da vida. Processos como a isomerização cis-trans, a ciclização e a abertura de anéis têm lugar no plasma. Para além dos processos monomoleculares, são também possíveis reacções bimoleculares.

Outro resultado da química do plasma é o condicionamento por plasma, que é um processo em duas etapas no qual são geradas espécies quimicamente reactivas no plasma, que interagem com o material sólido para formar compostos voláteis que se difundem da superfície e são evacuados. O resultado é a fresagem microscópica da superfície [Coburn 1979]. O condicionamento por plasma (Fig.4) inclui variedades de processos como o condicionamento por iões reactivos, o condicionamento por pulverização reactiva e a incineração por plasma. O tipo de modificação da superfície dependerá do substrato e dos parâmetros do processo. A profundidade do tratamento depende da temperatura do substrato, do tempo de processamento e das características de difusão de um material. A ação do plasma limita-se à gravação de superfícies até uma profundidade de apenas alguns microns. A técnica é utilizada para tornar as superfícies mais limpas, mais duras, mais ásperas, molháveis e aderentes.

A deposição química de vapor (CVD) é uma reação a alta temperatura que envolve precursores voláteis doadores de metal, que se decompõem devido ao calor. As reacções relevantes para a CVD incluem a pirólise, a oxidação, a redução, a hidrólise, a formação de nitretos e carbonetos, a reação de síntese, a desproporção e o transporte químico [Murri 2017]. O substrato aquecido actua como um catalisador, promovendo a dissociação. Os processos CVD são escolhidos para serem reações heterogéneas e o produto é geralmente na forma de filmes finos depositados na superfície. Materiais depositados a baixas temperaturas (menos de 600° C) são amorfos, enquanto que temperaturas mais altas promovem filmes policristalinos. A orientação dos cristais é determinada pela orientação dos cristais do substrato, uma propriedade conhecida como epitaxia. As películas CVD têm boa estequiometria, alta densidade, excelente aderência, etc. No entanto, a elevada temperatura de deposição (700-1500° C) torna o processo limitado a materiais que podem suportar temperaturas tão extremas. Na CVD por plasma, a reatividade das espécies do plasma permite uma redução significativa da temperatura de processamento. Além disso, o bombardeamento de iões pode ser utilizado para modificar as características da película. Esta técnica está bem estabelecida e é utilizada para depositar películas finas orgânicas e inorgânicas (por exemplo, SiO_x , TiN, TiCN, revestimento de diamante, etc.) em metais, vidro, polímeros e em vários outros materiais (Fig.5).

O termo polimerização por plasma [Millard 1974] é tradicionalmente utilizado para designar os processos que ocorrem na formação de películas superficiais. Os fragmentos do monómero decomposto e excitado formam novas moléculas na fase gasosa ou na superfície. A deposição começa com a sorção e prossegue de forma gradual. As moléculas adsorvidas interagem subsequentemente e envolvem-se em polimerização iónica ou radicalar na superfície, formando assim uma película fina. A deposição é o resultado da interação das espécies activas entre si e com a superfície do substrato. Durante a formação da película, os átomos e moléculas da superfície recém-criada são sujeitos ao bombardeamento pelas espécies da fase gasosa e à excitação por radiação ultravioleta do plasma. As películas assim formadas são altamente reticuladas, sem buracos, quimicamente inertes e aderem bem à superfície.

Uma grande variedade de compostos orgânicos pode ser polimerizada. Monómeros como os alcanos saturados e os aromáticos, que são normalmente inertes na polimerização convencional, podem ser facilmente polimerizados no ambiente de plasma. Na deposição de películas de polímeros alifáticos e aromáticos em plasma, todos os monómeros saturados ou insaturados podem ser polimerizados, incluindo aqueles que são resistentes à polimerização pelas técnicas convencionais. Num processo de polimerização por plasma, o gás monómero inicial sofre alterações químicas consideráveis. Devido à complexidade física e química do processo e à sua forte relação com os parâmetros do processo, as propriedades da película podem ser controladas durante a deposição e combinar diferentes características, tais como uma boa adesão da película à superfície do substrato e uma elevada dureza na superfície superior da película. A polimerização por plasma pode também produzir estruturas que apresentam um gradiente espacial nas suas propriedades físicas, por exemplo, do índice de refração em relação à espessura da película.

A catálise é o reforço de uma reação química por meio de um agente, denominado catalisador, que não é consumido no processo. A combinação do plasma e do catalisador pode afetar os processos que ocorrem na fase gasosa e na superfície do catalisador [Neyts 2015]. O campo elétrico na superfície de um catalisador imerso no plasma pode ser aumentado por alguma forma de distorção da superfície devido a pellets, fibras ou granulados ou mesmo rugosidade e/ou porosidade da superfície. O aumento do campo E é causado por efeitos de polarização e pelo carregamento da superfície dieléctrica, sendo os parâmetros críticos o ângulo de contacto e a constante dieléctrica das pastilhas. Embora seja um efeito físico, conduz à química, modificando a função de distribuição da energia dos electrões e, por conseguinte, as taxas de dissociação e de ionização por impacto dos electrões, que determinam a reatividade química do plasma. Intimamente relacionado com o aumento do campo elétrico está a formação de micro-descargas no volume dos poros do catalisador. O campo elétrico no interior dos poros é muito forte, conduzindo a características de descarga que são muito diferentes das características de descarga em massa. Isto altera as taxas de produção e de perda das várias espécies de plasma e, por conseguinte, a química [Whitehead 2016].

Por outro lado, o plasma afecta as propriedades do catalisador de várias formas (Fig.6). A catálise por plasma apresenta uma maior probabilidade de adsorção em comparação com a catálise térmica. Especula-se que as interacções dipolo-dipolo, dipolo induzido por dipolo e dipolo induzido por dipolo são alteradas, o que, por sua vez, afecta o equilíbrio de adsorção-dessorção.

A versatilidade do processamento de plasma proporcionou-nos uma grande variedade de novos materiais e bens de consumo. Neste livro, exploraremos a forma como os processos mediados por plasma podem aliviar algumas das fontes de problemas como a poluição atmosférica, a degradação ambiental e o aquecimento global, que interligam a energia e o ambiente.

Capítulo 3
3. Processamento de plasma para energia solar

Os dispositivos fotovoltaicos (PV) convertem a luz solar em eletricidade. Desde o início dos anos 90, as crescentes preocupações ambientais relacionadas com o problema do aquecimento global causado pelas emissões de CO_2 reforçaram a defesa da energia solar baseada na energia fotovoltaica. Um dispositivo fotovoltaico é basicamente um díodo semicondutor: o material semicondutor absorve a energia dos fotões que chegam e cria pares de electrões e buracos. Os fotões devem ter uma energia superior à energia de bandgap do semicondutor. A energia líquida transferida para cada par eletrão-buraco, igual a E_{gap} , aumenta enquanto a corrente fotoeléctrica diminui com o aumento do intervalo de energia. Existe um "ótimo" para Eg_a p (1,1 eV) para o qual um máximo de energia pode ser transferido da luz solar incidente para todos os pares eletrão-buraco [Shah 1999]. Neste bandgap, cerca de metade da energia solar incidente é transferida.

O silício é a matéria-prima tradicional dos dispositivos fotovoltaicos. As células solares de silício podem ser fabricadas a partir de bolachas de silício cristalino ou de películas finas amorfas ou microcristalinas. As células solares fabricadas a partir de bolachas finas de silício têm eficiências relativamente elevadas, com módulos comerciais com eficiências entre 12 e 16% e células de laboratório com uma eficiência recorde de 24,4% [Zhao 1998]. Funcionam de forma fiável durante décadas em condições difíceis, sem se degradarem, devido à sua excelente estabilidade. Os módulos de silício cristalino (c-Si) representam atualmente 85-90% do mercado anual global [Jager-Waldau 2016]. Quase metade do custo de um módulo acabado provém do silício. Este facto impulsiona a procura de materiais menos dispendiosos e de formas mais baratas de fabricar células solares. O elevado custo é uma consequência dos baixos volumes, das complexas etapas de produção envolvidas no fabrico de células e na montagem de módulos e da grande quantidade de matéria-prima de silício altamente purificado necessária (20 kg de matéria-prima por cada 1 kWp de produção de módulos) [Shah 1999]. Até 1995, a indústria fotovoltaica dependia dos rejeitados da indústria microeletrónica, obtendo matéria-prima de silício a preços reduzidos [Kurokawa 2003]. Com o aumento dos volumes de produção, esta fonte de abastecimento de matéria-prima tornou-se insuficiente. Um obstáculo ao crescimento da indústria fotovoltaica é o elevado custo do silício de qualidade solar. Atualmente, parece que estão no horizonte novos processos de fabrico de silício de qualidade solar que serão 80% mais eficientes do ponto de vista energético [Cambridge 2012].

No passado recente, registaram-se progressos constantes e substanciais (Fig. 7) no domínio dos módulos fotovoltaicos: os preços comerciais a granel dos módulos registaram uma redução média sustentada de 7,5% ao ano [Shah 1999]; ao mesmo tempo, a produção mundial de módulos aumentou, em média, 18% ao ano, com uma taxa de crescimento sustentada. Nos últimos 10 anos, a energia fotovoltaica ultrapassou os 100 gW-pico de capacidade instalada acumulada a nível mundial [Meillaud 2015]. Prevê-se que a quota da energia fotovoltaica na eletricidade mundial seja de 16% até 2050, de acordo com o Roteiro Solar 2014 da Agência Internacional da Energia [IEA 2014]. Num período de tempo muito curto, a China deixou de ser um ator insignificante e passou a fornecer 50% dos módulos fotovoltaicos mundiais [Stanford 2017].

3.1 Reactores de plasma para processamento de PV

As fontes de plasma têm inúmeras aplicações no processamento de silício cristalino e de película fina. No caso do silício cristalino, é importante a passivação da superfície através de películas de nitreto de silício (SiN_x : H), processos de gravação por plasma para remoção de emissores parasitas, limpeza de bolachas e texturização da superfície. As películas finas são sintetizadas em reactores de plasma utilizando o processo de deposição química de vapor (CVD). No processamento de Si fotovoltaico, são utilizados três tipos de fontes de plasma de baixa temperatura.

No reator de acoplamento capacitivo (Fig. 8a), a energia eléctrica, normalmente a 13,56 MHz, é transferida para o elétrodo através de um acoplamento capacitivo e para o plasma através de uma bainha capacitiva. Isto limita a energia transferida para o plasma, o que resulta numa densidade de electrões relativamente baixa de 10^9 a 10^{10} cm^{13} . Entre o plasma e o elétrodo, forma-se uma polarização automática, proporcional à potência de RF e à assimetria das áreas dos eléctrodos, que acelera os iões em direção ao elétrodo alimentado (Lieberman 1994). Para aumentar a densidade, a potência de RF tem de ser aumentada, o que aumenta simultaneamente a auto-variação. Isto, por sua vez, faz aumentar a energia dos iões. Assim, a densidade do plasma e a energia dos iões são mutuamente acopladas.

O funcionamento a frequências mais elevadas relaxa esta interdependência. Acima de 40 MHz, a queda reactiva da bainha diminui e a impedância do plasma é dominada pela queda ôhmica no plasma a granel. Isto aumenta a potência fornecida aos electrões e aumenta a densidade [Perret 2005]. O acoplamento entre a densidade do plasma e a energia dos iões é enfraquecido [Zhang 2015] porque a fração da potência obtida pelos electrões em relação à potência total de entrada aumenta com a frequência. No entanto, o funcionamento em VHF com grandes áreas de eléctrodos provoca efeitos de plasma dependentes do comprimento de onda que conduzem à não uniformidade do plasma [Lieberman 2002].

Nos reactores ICP, que funcionam a 0,5 e 13,56 MHz, a energia é transferida para os electrões através do acoplamento indutivo por uma bobina separada do plasma por uma janela dieléctrica (geralmente de quartzo ou safira) (Fig. 8b). A bobina pode ser cilíndrica, como um enrolamento solenoidal, ou plana, com o condutor enrolado num plano de raio crescente [Lieberman 2005]. O campo magnético oscilante conduz uma corrente oscilante no plasma. A profundidade de penetração é determinada pela condutividade do plasma e pode ser substancial. Os efeitos capacitivos não são importantes e, por conseguinte, as quedas de potencial da bainha são baixas e independentes da potência VHF. Isto conduz a uma transferência de energia muito eficiente e a plasmas altamente dissociados e densos [Okumura 2010]. A densidade do plasma e a energia dos iões podem ser controladas separadamente. Outra vantagem da descarga ICP é a ausência de contaminação por projeção de eléctrodos.

Quando um campo magnético axial constante da ordem de um kiloGauss é aplicado a uma região de descarga de plasma de micro-ondas a 2,45 GHz, podem ser gerados e mantidos plasmas de alta densidade com ressonância de ciclotrões, em que os electrões giratórios rodam em fase com a onda polarizada circularmente à direita, experimentando um campo elétrico constante ao longo de muitas órbitas giroscópicas. Os electrões ganham energia a partir deste campo constante secularmente e podem ionizar o gás de fundo. Esta configuração é designada por descarga de plasma de micro-ondas por ressonância ciclotrónica de electrões (ECR) [Shapoval 1991]. A Fig.8(c) mostra uma variante do reator ECR. Uma antena de ranhura radial no topo da câmara injecta potência de micro-ondas polarizada circularmente na câmara através de uma janela dieléctrica. A densidade do plasma numa tal configuração é radialmente uniforme. O campo de micro-ondas está confinado a 1-2 cm da placa dieléctrica devido à blindagem do plasma.

As descargas de ondas superficiais não ressonantes também podem ser excitadas por fontes de micro-ondas com frequências na gama de 1-10 GHz e, por conseguinte, podem ser sustentados plasmas de alta densidade ($>10^{11}$ cm3) [Rider 2012].

3.2 Filmes finos de SiN para passivação de superfícies

A deposição de SiN numa mistura de silano e amoníaco resulta numa melhoria significativa da eficiência das células solares devido a várias razões [Santana 2000]. O hidrogénio gerado na dissociação do gás de processo é incorporado na película de SiN. Durante o processo de metalização, o hidrogénio é incorporado na célula solar, conduzindo a uma passivação em massa muito eficaz através da hidrogenação de defeitos no volume das células solares c-Si ou poli-Si. A eficiência melhora em 1-1,5% devido a este facto [Soppe 2000]. Além disso, a propriedade antirreflexo da camada de nitreto reduz a reflexão da luz, aumentando assim a eficiência.

Outro requisito, que se tem tornado cada vez mais importante para as células solares c-Si, é a redução das perdas na superfície do Si cristalino (c-Si) devido à recombinação da superfície. Isto é exacerbado devido à tendência para dispositivos mais finos. Uma camada de dióxido de silício (SiO$_2$) produzida por um processo de oxidação a alta temperatura (> 900 °C) [Zhao 2009] pode efetivamente suprimir a recombinação. No entanto, a degradação do tempo de vida do silício a altas temperaturas torna este processo inaceitável do ponto de vista industrial. Em particular, no caso de bolachas de silício multicristalino, regista-se uma degradação significativa do tempo de vida do silício [Stocks 1997]. Por conseguinte, para as futuras células solares de silício de elevada eficiência, são necessárias alternativas de passivação da superfície a baixas temperaturas que dêem resultados comparáveis aos do SiO2 recozido.

Uma alternativa ao SiO$_2$ é a película de nitreto de silício (SiNx) cultivada por deposição de vapor químico melhorada por plasma (PECVD) a ~400°C, que parece dar resultados comparáveis em silício de baixa resistividade do tipo p e do tipo n [Schmidt 2004, Soppe 2005]. A deposição de SiN utiliza uma mistura gasosa de SiH$_4$ e NH$_3$. O silano fornece o silício e o hidrogénio. O azoto provém do amoníaco, o que permite a deposição de SiN com uma elevada proporção de hidrogénio incorporado.

A química do plasma associada às espécies que contêm azoto e silício dá origem a um depósito sólido amorfo, geralmente designado por a-SiN$_x$: H ou simplesmente SiN. As condições de deposição determinam as propriedades ópticas (absorção, reflexão e índice de refração).

Outro processo de deposição de SIN mediado por plasma é a deposição atomizada por plasma (PAD), que se baseia nos radicais atómicos produzidos em plasmas de alta densidade acoplados indutivamente. O plasma de alta densidade é utilizado para pulverizar, atomizar e ionizar o silício sólido. O nitreto de silício cresce então por inserção de azoto nas ligações Si-Si a baixas temperaturas. A tecnologia PAD aplicada a células solares à base de bolachas de silício de qualidade industrial permitiu obter uma eficiência de conversão de energia de 18,43% [Xiao et. al 2014]. Este processo é amigo do ambiente e menos dispendioso em comparação com os processos PECVD e CVD por micro-ondas comummente utilizados, uma vez que utiliza precursores gasosos sólidos de Si e N /H$_{22}$. O processo PAD também elimina a utilização de gases explosivos e inflamáveis, como o SiH4 e o NH3.

3.3 Limpeza, gravação e texturização por plasma

O hidrogénio atómico que interage com a superfície do silício reorganiza e remove os átomos de Si devido à adsorção, abstração, inserção de hidrogénio e ataque químico. A limpeza das superfícies dos substratos de Si é uma etapa importante no fabrico de películas epitaxiais de Si de alta qualidade, de células solares baseadas em bolachas de Si de elevada eficiência, bem como de células solares HIT. O plasma de hidrogénio remove eficazmente o óxido nativo e os contaminantes de hidrocarbonetos da superfície de Si a baixas temperaturas [Chu 2013]. Durante o tratamento com plasma de hidrogénio a baixa temperatura do substrato, ocorre a dessorção de fragmentos de SiHx, tornando a superfície rugosa e reduzindo a reflectância da superfície para menos de 2% na vasta gama de comprimentos de onda de 500-900 nm. A técnica também é aplicada a bolachas de silício cristalino com textura química, demonstrando o potencial para melhorar ainda mais as superfícies pré-texturizadas.

A gravação por plasma contribui para a texturização da superfície, produzindo grandes conjuntos de nanoestruturas unidimensionais alinhadas verticalmente [Cai 2015]. A texturização da superfície aumenta a corrente de curto-circuito da célula solar e, por conseguinte, a eficiência da fotoconversão. A propriedade antirreflexo destas estruturas deve-se às alterações no índice de refração causadas por variações na altura dos Si NSs. Os revestimentos antirreflexo multicamadas ou nanoestruturados podem alargar a recolha de fotões em todo o espetro e em ângulos difusos para além da incidência normal [Vynck 2012]

3.6 Nanoestruturas unidimensionais

A texturização da superfície levada ao extremo resulta em grandes conjuntos de nanoestruturas (NS) unidimensionais (1D) alinhadas verticalmente, tais como nanofios, nanobastões, nanocones, nanotips (NTs), nanogrelhas (NG) e outras [Bai 2005, Seeger 1999, Tada 1998]. Estas configurações criam células fotovoltaicas topograficamente melhoradas, semelhantes às células solares de silício negro [Yoo 2006]. As alterações no índice de refração causadas por variações na altura dos Si NSs [Huang 2007] contribuem para a propriedade antirreflexo. A gravação por plasma combinada com a cvd térmica numa mistura de hidrogénio, azoto e metano cria matrizes alinhadas de alta densidade de nanocones, nanobastões e nanofios. Foi relatada uma técnica económica de ataque seco numa única etapa, utilizando plasma ECR de alta densidade para fabricar matrizes de grande área de alta densidade [Hsu 2004]. Foi também descrito o fabrico de NG de silício numa bolacha de silício através de gravação por plasma de hidrogénio sem máscara [Yang 2005]. Diversos grupos apresentaram trabalhos de natureza semelhante [Ryu 2009 Moreno 2010].

O tratamento de superfícies por plasma elimina os produtos químicos extremamente perigosos e corrosivos utilizados nos processos convencionais, o que constitui um importante benefício ambiental. O hidróxido de potássio (KOH), o hidróxido de sódio (NaOH) e o hidróxido de tetra-metil-amónio ((CH_3)4NOH) são atualmente utilizados para texturizar as superfícies de Si. O ácido fluorídrico (HF) é utilizado para remover o $SiO2$ nativo que está presente nas bolachas de Si devido à oxidação ambiente. Estes produtos químicos implicam um enorme custo de eliminação de resíduos. Um dos subprodutos indesejáveis do processo PECVD é o vidro de silicato de fósforo (PSG) que se forma durante a difusão do fósforo na superfície do Si. Este tem de ser removido com ácido fluorídrico diluído (HF). A gravação a seco utilizando uma fonte de plasma de baixa frequência demonstrou ser eficaz na gravação selectiva do PSG [Rentsch 2004]. O processo de gravura por plasma seco tem um maior controlo sobre os parâmetros do processo, o que pode, em última análise, conduzir a uma relativa facilidade de automatização.

3.4 Silício amorfo de película fina

As células solares podem ser fabricadas a partir de silício amorfo. Uma vez que a captura de luz aumenta a espessura ótica efectiva de uma célula de silício por um fator de 10-50, camadas de apenas 1 pm de espessura têm um desempenho tão bom como camadas muito mais espessas. Isto representa uma enorme poupança na utilização de material. A viabilidade de tais camadas foi demonstrada pela primeira vez utilizando a deposição química de vapor a alta temperatura (Chu, 1977). Um trabalho pioneiro utilizando a deposição de vapor químico a baixa temperatura num substrato de alumínio (Fang et al., 1974) produziu películas de grande granulometria.

Os filmes podem ser desenvolvidos em substratos rígidos, flexíveis e leves. Normalmente, uma ferramenta de cluster de quatro câmaras é usada para a deposição de a-Si: H e materiais relacionados [Gabriel 2014]. A contaminação cruzada entre as câmaras deve ser minimizada. Para isso, a deposição de filmes intrínsecos de a-Si: H é feita em uma câmara, a deposição de filmes semicondutores dopados com p e n é feita em outras duas, e a deposição de metais e óxidos condutores transparentes é feita na quarta. As amostras são carregadas no elétrodo inferior, que pode ser aquecido a cerca de 300°C. O sistema de controlo de gás inclui controladores de fluxo de massa para medir e controlar os diferentes gases de processo fornecidos à câmara.

O material de silício de película fina é sintetizado utilizando a deposição química de vapor melhorada por plasma (PECVD) em misturas de silano (SiH_4) e hidrogénio (H_2): um processo inventado na década de 1960 [Christy 1960]. A deposição de película é um processo em quatro etapas: 1. A reação primária é a excitação, dissociação e ionização das moléculas por impacto de electrões. 2. As espécies neutras reactivas são transportadas para o substrato por difusão, os iões positivos bombardeiam a superfície e os iões negativos presos na bainha podem condensar-se em pequenas partículas. 3. A terceira etapa consiste em reacções de superfície, como a abstração de hidrogénio, a difusão de radicais e a ligação química. Em seguida, formam-se ilhas que continuam até se formar uma película fina [Moreno 2016]. 4. O quarto passo é a libertação subsuperficial de hidrogénio da película [Santana 2000].

Os passos químicos do plasma na formação da película começam com a produção de hidrogénio atómico pela dissociação por impacto de electrões do SiH4 e do H2. O H reage com o silano para produzir SiH_3 , que se supõe ser responsável pelo crescimento [Moravej 2004] de ambos a-Si: H e mc-Si: H. Acredita-se que o crescimento da película se baseia num mecanismo de difusão superficial [Matsuda 1990]. O radical SiH_3 que atinge a superfície de crescimento começa a difundir-se na superfície. Durante a difusão na superfície, o SiH_3 abstrai o hidrogénio ligado à superfície, formando SiH_4 e libertando assim a ligação pendente na superfície, levando à formação de um local de crescimento. Outra molécula de SiH_3 difunde-se então em direção ao local de ligação para formar uma ligação Si-Si. Uma vez que a unidade de construção SiH_3 adere ao local de ligação pendente formando a rede Si-Si, a incorporação posterior de radicais é controlada pelos processos de auto-organização à escala nano e micro [Stangl 2004]. É imperativo que, dependendo do esquema de difusão superficial, as películas finas de a-Si:H possam desenvolver-se através do mecanismo de crescimento camada a camada [Shchukin 2003]. Os passos exactos na formação da película e a forma como as condições de funcionamento do plasma a controlam são melhor compreendidos através da modelização da química do plasma. Existem várias abordagens de modelação do plasma na literatura, tais como simulações de cinética química [Gordiet 2011, Gallagher 2002] e modelos de fluidos que descrevem a cinética química, bem como a dinâmica dos fluidos e resolvem a equação de transporte de Boltzmann [Amanur Rahman 2011, De Bleeker 2004, Nienhuis 1997].

O que distingue a CVD por plasma da CVD térmica é a presença de uma bainha de plasma que separa o plasma neutro da superfície de crescimento [Ostrikov 2005], que fica carregada negativamente devido à maior mobilidade dos electrões. Em equilíbrio, existe um fluxo de iões para a superfície [Lieberman 2005], o que pode reduzir consideravelmente a energia de ativação da difusão superficial. Também são possíveis taxas de crescimento elevadas através da criação de sítios de adsorção por fragmentação e rearranjo das ligações químicas na superfície pelas partículas que colidem. Embora o bombardeamento iónico possa elevar a temperatura da superfície e, assim, contribuir para a cristalização da película, um bombardeamento iónico forte pode resultar na formação excessiva de defeitos, levando à deterioração da qualidade da película. Outros efeitos relacionados com o plasma (como o campo elétrico e os efeitos relacionados com a polarização) podem aumentar significativamente as taxas de dissociação das moléculas de silano na fase gasosa, promover o transporte rápido das espécies reactivas para a superfície de crescimento e reduzir ainda mais as barreiras de ativação da difusão superficial [Nguyen 1988].

A película de a-Si: H contém ligações covalentes de Si-Si e Si-H. O teor de hidrogénio no a-Si: H varia entre 4% e 40%, e a densidade de átomos de hidrogénio depende das condições de deposição. O material tem estruturas abertas, nas quais os vazios e as ligações não terminadas formam os chamados defeitos ou ligações pendentes. Para a integração do a-Si: H em dispositivos electrónicos, a densidade de defeitos não deve exceder 10^{15} a 10^{16} cm^{i3} [Stutzmann 1989]. No a-Si: H, o hidrogénio é responsável pela redução da densidade de defeitos através da passivação destas ligações pendentes, que podem atuar como centros de recombinação eficientes para electrões e buracos e influenciar as propriedades optoelectrónicas. O aumento da densidade de defeitos com a radiação luminosa (light soaking) é a principal causa do efeito Staebler-Wronski, em que a luz induz a criação de defeitos metaestáveis no a-Si:H [Staebler 1977],

O silício amorfo tem, na gama visível do espetro, um coeficiente de absorção ótica mais elevado do que o silício cristalino e, por conseguinte, pode ter espessuras muito inferiores a 1 mícron. Para reduzir as perdas por recombinação, as células solares a-Si: H utilizam a estrutura p-i-n, constituída por uma fina camada dopada do tipo p, uma camada intrínseca central do tipo i e uma fina camada dopada do tipo n. O transporte elétrico na camada do tipo i é assistido por um campo elétrico. Em geral, a célula solar a-Si:H é depositada em vidro revestido com um óxido condutor transparente (geralmente SnO$_2$ ou ZnO) que actua como contacto frontal. As baixas temperaturas de deposição (normalmente 200° a 300°C) permitem a utilização de substratos de baixo custo. Os módulos podem ser facilmente integrados em fachadas, telhados e outras estruturas.

3.5 Silício polimorfo

As películas amorfas podem ser cristalizadas por aquecimento a cerca de 600 C durante muitas horas. A técnica de cristalização em fase sólida a baixa temperatura do silício amorfo para produzir células de silício policristalino de película fina foi realizada [Baba et al., 1995]. Também é possível depositar silício diretamente na forma microcristalina em substratos de vidro. Células microcristalinas de 3 pm de espessura, depositadas a 500 C com uma estrutura p-i-n, registaram eficiências de 7% [Shah et al., 1997]. Surgiu agora a possibilidade de produzir nanocristais, com cerca de 3-5 nm de diâmetro, na matriz de a-Si: H, modificando as condições de deposição do a-Si: H padrão, utilizando a técnica PECVD. Este material é comumente referido como silício polimorfo (pm-Si: H) [Moreno 2016]; a presença de nanocristais distribuídos na matriz amorfa de silício reduz a densidade de estados (DOS) e defeitos e melhora as propriedades elétricas. Além disso, o pm-Si: H preserva as características do a-Si: H como um material de gap direto, alto coeficiente de absorção e alta energia de ativação. O pm-Si: H intrínseco tem um intervalo de banda ótica direta (1,6-1,8 eV) e uma energia de ativação muito elevada (E_a " 1 eV) quando é depositado por PECVD. As células solares de película fina, em que a película intrínseca de a-Si:H é substituída por uma película de pm-Si:H, têm uma maior estabilidade contra a absorção de luz.

Para explicar o processo de formação do mc-Si: H, foram propostos três modelos: (1) modelo de difusão superficial [Matsuda 1983], (2) modelo de gravura [Tsai 1989], e (3) modelo de recozimento químico [Nakamura 1995]. No modelo de difusão superficial, um grande fluxo de H atómico do plasma leva à cobertura total da superfície por hidrogénio ligado e também gera aquecimento local através de reacções de troca de hidrogénio na superfície de crescimento da película. Ambos os efeitos aumentam a difusão superficial das unidades de construção SiH$_3$. Como consequência, as espécies SiH$_3$ adsorvidas na superfície podem encontrar locais energeticamente favoráveis, levando à formação de estruturas atomicamente ordenadas (a fase de formação de núcleos). Após a formação de núcleos primários, o crescimento de cristais do tipo epitaxial ocorre através da difusão superficial melhorada de SiH_3. O modelo de difusão superficial é geralmente aplicável ao crescimento de películas de mc-Si: H em diversas condições. O aumento do comprimento de difusão superficial das unidades de construção em condições de diluição de hidrogénio foi confirmado experimentalmente [Matsuda 1999].

Foram descritas várias técnicas de deposição para materiais nano e microcristalinos, tais como RF-PECVD acoplado capacitivamente a radiofrequência (13.56 MHz) RF-PECVD acoplada capacitivamente [Bruno 1995], VHF-PECVD de muito alta frequência [Curtins 1987], CVD por micro-ondas (MW-CVD) [Watanabe 1987], CVD por ressonância de ciclotrões electrónicos (ECR-CVD) [Hayama 1987], pulverização catódica reactiva por magnetrão (RMS) [McCormick 1997], CVD por fio quente (HW-CVD) [Jadkar 2007] e plasma térmico expansivo remoto (ETP) [Brinza 2005].

Tanto a RF como a VHF (Fig.9) podem conduzir ao crescimento de um material a granel de muito alta qualidade. Com uma potência constante mas uma frequência mais elevada, a impedância da bainha diminui, resultando numa tensão da bainha mais baixa. A tensão da bainha determina a energia dos iões que incidem no substrato. Para muitos processos de plasma, é desejável minimizar a energia de impacto dos iões para evitar danos na superfície do substrato/revestimento, o que torna vantajosa a excitação de alta frequência. A corrente líquida conduzida entre os eléctrodos e através do plasma aumenta com a redução da impedância, aumentando assim a dissipação óhmica e, consequentemente, a temperatura dos electrões. Observa-se que a distribuição da energia dos electrões se desvia da distribuição Maxwelliana para uma distribuição de duas temperaturas com uma componente de alta energia reforçada [Strahm 2007]. A população de electrões de alta energia resultante pode alterar substancialmente a química do plasma [Matsuda 2004].

O aumento da corrente com excitação VHF aumenta a densidade de electrões do plasma. A baixa tensão da bainha reduz a energia dos iões que caem sobre o substrato e evita a amorfização por bombardeamento de iões de alta energia [Zhu 2007]. Resultados recentes parecem sugerir que uma combinação de excitação VHF e alta pressão é a melhor opção para uma elevada taxa de deposição de nc-Si: H. com qualidade de dispositivo.

Modificando as condições de deposição da película de silício utilizando PECVD, é possível aumentar as dimensões dos cristais e a fração cristalina das películas de silício e, por conseguinte, modificar tanto a estrutura da película como as características electro-ópticas. O silício microcristalino (pc-Si:H) é uma película de silício em que os tamanhos dos cristais de silício são muito maiores do que nas películas de pm-Si:H [Kaneko 1993], com tamanhos da ordem de muitos nanómetros, e a fração cristalina total (XC) é grande, e as características electro-ópticas são diferentes das de outros tipos de películas de silício.

Para manter a espessura total necessária da célula solar tão baixa quanto possível (de preferência 2 microns), é necessário empregar uma forma eficiente de dispersão ou captura da luz. Isto é conseguido através da texturização da superfície da camada de silício à medida que esta é depositada e das camadas de contacto, especialmente dos óxidos condutores transparentes (TCO). Podem ser obtidas temperaturas de deposição tão baixas como 220° C com o método de deposição por plasma de muito alta frequência (VHF) [Shah 1999]. Foram atingidas eficiências de até 8,5% com uma espessura de célula de 2,7 microns.

O silício de película fina é particularmente adequado para multijunções, uma vez que oferece uma vasta gama de intervalos de banda (Fig.10). Os dispositivos multijunções de elevada eficiência utilizam múltiplas junções, sendo cada junção sintonizada para uma região específica do espetro solar. Através deste processo, foram criadas células solares com eficiências recorde superiores a 45% [EERE 2017]. No caso do silício de película fina, a utilização da configuração multijunção também conduz geralmente a uma redução da LID do desempenho da célula solar, graças à utilização de camadas absorventes de a-Si: H mais finas [Meillaud 2015]. As células solares de película fina de silício cristalino depositadas por PECVD podem ser facilmente combinadas com células solares de silício amorfo para formar células multijunção; os bandgaps envolvidos (1,1 eV para o silício cristalino e 1,75 eV para o silício amorfo) estão muito próximos da combinação teoricamente ideal. Foram registadas células com eficiências de 12%. As camadas mais finas e as células p-i-n mais finas sofrem menos de problemas de recolha, mesmo que a densidade de defeitos seja aumentada pela SWE; isto deve-se ao facto de, nas células p-i-n mais finas, o campo elétrico que prevalece na camada do tipo i ser maior e a recolha ser geralmente melhorada. Estas células têm também o potencial para uma melhor utilização do espetro solar, desde que as energias do intervalo de bandas das células componentes individuais possam ser ajustadas em conformidade. A configuração multijunção aumenta a tensão de circuito aberto através da interconexão monolítica e reduz as perdas resistivas nos eléctrodos. Os dispositivos multijunção utilizam uma célula superior com um elevado intervalo de banda para absorver os fotões de alta energia e permitir a passagem dos fotões de baixa energia [EERE 2017]. Um material com um intervalo de banda ligeiramente inferior é então colocado abaixo da junção de elevado intervalo de banda para absorver fotões com uma energia ligeiramente inferior. As células multijunções típicas utilizam duas ou mais junções de absorção e a eficiência máxima teórica aumenta com o número de junções.

O principal inconveniente da tecnologia de película fina de silício é a sua menor eficiência de conversão. Os módulos comerciais de silício de película fina situam-se entre 9,6 e 10,4% para os módulos em vidro. Uma vez que o mercado é atualmente particularmente competitivo com módulos de c-Si de baixo preço, os módulos de silício de película fina enfrentam uma forte pressão para aumentar a eficiência. Para tal, estão a ser procurados materiais absorventes inovadores combinados com estruturas de dispositivos específicas. Tendo em conta os progressos registados nos últimos anos, é possível prever células solares com uma eficiência estabilizada de 15% [Meillaud 2015]. Para melhorar ainda mais a eficiência, seriam necessários avanços revolucionários no material absorvente, com mais investigação sobre as condições óptimas de deposição, novos tipos de ligas e camadas de passivação de interface específicas.

3.7 Plasmónica

Para dispositivos de junção única, o Si provou ser um material fotovoltaico quase ideal devido à sua abundância, ao seu bandgap quase ótimo, às excelentes características de formação da junção, ao elevado comprimento de difusão dos portadores minoritários, etc. A fraca absorção do espetro solar exige espessuras de célula superiores a 100 pm, o que torna o custo do material muito elevado por unidade de potência. A captura de luz plasmónica permite conceber células de película fina de Si cristalino com uma eficiência quântica espetral próxima da observada em células espessas, mesmo para camadas absorventes de espessura micrométrica. A estruturação da célula solar de película fina de modo a que a luz fique retida no seu interior para aumentar a absorção é conseguida através de texturas, microestruturas ou nanoestruturas plasmónicas (Fig. 11) e resulta no desvio dos fotões que chegam normalmente à superfície para ângulos mais oblíquos, aumentando os comprimentos de percurso destes fotões através do absorvedor e, assim, a probabilidade de absorção [Atwater & Polman 2010]. A quase simetria na dispersão de luz para a frente e para trás de uma nanopartícula metálica embebida num meio homogéneo é quebrada [Bohren 2008] quando a partícula é colocada perto da interface entre dois dieléctricos. A luz passa a dispersar-se preferencialmente no dielétrico com maior permissividade [Mertz 2000]. O comprimento do caminho ótico aumenta devido à dispersão angular adquirida pela luz dispersa no dielétrico. A luz dispersa num ângulo superior ao ângulo crítico de reflexão (16° para a interface Si/ar) permanecerá retida na célula. Se houver um retro contacto refletor, a luz reflectida para a superfície acoplar-se-á às nanopartículas e será parcialmente irradiada para a pastilha pelo mesmo mecanismo de dispersão. Como resultado, a luz incidente passará várias vezes através da película semicondutora, aumentando o comprimento efetivo do percurso. A descoberta original afirmava que a fotocorrente aumentava 20 vezes devido a este facto [Stuart 1996].

As nanopartículas metálicas aumentam o campo local, o que resulta numa maior absorção num material semicondutor circundante. As nanopartículas actuam então como uma "antena" eficaz para a luz solar incidente que armazena a energia incidente num modo plasmónico de superfície localizado [Atwater 2010]. Estas antenas são particularmente úteis em materiais onde os comprimentos de difusão dos portadores são pequenos e os portadores de foto devem ser gerados perto da junção de recolha. Para que estes efeitos de conversão de energia da antena sejam eficientes, a taxa de absorção no semicondutor deve ser maior do que o recíproco do tempo típico de decaimento do plasmon (tempo de vida -10-50 fs), caso contrário a energia absorvida é dissipada pelo amortecimento óhmico no metal. É possível obter taxas de absorção tão elevadas em muitos semicondutores orgânicos e inorgânicos de banda direta. Surgiram recentemente vários exemplos deste conceito que demonstram fotocorrentes melhoradas devido ao acoplamento plasmónico de campo próximo. O reforço plasmónico do campo ótico na vizinhança de nanopartículas metálicas que suportam plasmões de superfície (excitações dos electrões de condução na interface entre um metal e um dielétrico) é utilizado para aumentar a absorção ótica e, consequentemente, a geração de portadores [Ozbay 2006]. Numa outra geometria plasmónica de captação de luz, a luz é convertida em polaritões de plasmon de superfície. Os SPPs são ondas electromagnéticas que viajam ao longo da interface entre um contacto traseiro metálico e a camada absorvente semicondutora (ver Fig.11c) [Raether 1988]. Os SPPs excitados na interface metal/semicondutor podem reter e guiar eficazmente a luz na camada semicondutora. Nesta geometria, o fluxo solar incidente é efetivamente rodado em 90°, e a luz é absorvida ao longo da direção lateral da célula solar, que tem dimensões que são ordens de grandeza superiores ao comprimento de absorção ótica [Atwater 2010]. Os contactos metálicos são um elemento natural na conceção da célula solar, pelo que este modo de acoplamento plasmónico pode ser integrado de uma forma natural.

Em frequências próximas da frequência de ressonância plasmónica (tipicamente na gama espetral de 350700 nm, dependendo do metal e do dielétrico), os SPP sofrem perdas relativamente elevadas [Atwater 2010]. Utilizando uma geometria metálica de película fina, a dispersão plasmónica pode ser melhorada. O aumento do comprimento de propagação tem como contrapartida a redução do confinamento ótico, pelo que a conceção óptima da película metálica depende da geometria desejada da célula solar [Dionne 2005]. O mecanismo de acoplamento SPP é benéfico para uma absorção eficiente da luz se a absorção do SPP no semicondutor for mais forte do que no metal.

Por último, descreveremos uma classe de modificações externas baseadas em plasma que resultam em melhorias na eficiência das células solares. Por serem externas às células, podem ser desenvolvidas independentemente sem afetar as concepções de células que estão altamente optimizadas. Downshifting é o processo de conversão de fotões UV e azuis de alta energia e de conversão descendente da sua energia para o meio do espetro visível, onde os valores de eficiência quântica se aproximam normalmente dos 100% [Ho 2017]. Downconversion ou photon splitting é o processo de transformação de um fotão de alta energia em dois fotões que ainda têm energia suficiente para criar pares eletrão-buraco [Abrams 2011]. A upconversion é o processo inverso, em que dois fotões de baixa energia são combinados para produzir um fotão de alta energia capaz de gerar um par de buracos de electrões.

3.9Perspectivas futuras

O processamento de plasma a baixa temperatura, nos seus primórdios, costumava ser considerado como um processo de tentativa e erro com resultados frequentemente inesperados. Com diagnósticos avançados e orientação de simulações, foi alcançado um grau notável de controlo do que acontece dentro da câmara do reator. Isto resultou numa elevada reprodutibilidade das propriedades fotónicas e electrónicas das películas através de uma engenharia cuidadosa da composição e da microestrutura. Este elevado grau de controlo é particularmente desejável para o fabrico de células solares de Si de película fina de grande área e é também promissor para aplicações em produtos de processamento de plasma, como estruturas de heterojunção e díodos emissores de luz.

O recente aumento da atividade de investigação fundamental no domínio dos materiais nanoestruturados, associado ao esforço de aplicação destes conhecimentos básicos emergentes à energia fotovoltaica, deverá beneficiar os esforços de produção económica de eletricidade solar [Kherani 2015]. Essas nanoestruturas produzem um confinamento quântico dos portadores de carga, dando origem a propriedades ópticas e electrónicas únicas que podem aumentar a eficiência da conversão de energia. Espera-se que as actividades de investigação inovadoras em metamateriais plasmónicos, a utilização de técnicas de otimização topológica baseadas em algoritmos genéticos e o impulso para a integração monolítica criem um futuro empolgante para uma série de materiais fotovoltaicos, incluindo o silício. Prevê-se que a aplicabilidade do silício continue a evoluir com os novos avanços da ciência e da tecnologia, tendo em conta as suas vantagens óbvias, a sua plataforma de fabrico madura e a sua abundância.

Se forem executados muitos processos de plasma numa linha de fabrico de células solares, o agrupamento dos mesmos optimiza o custo, o consumo de energia e o tempo de processo (Fig. 12-14). Isto conduz a uma grande ferramenta de plasma com um ponto de entrada e saída que limita os processos de vácuo. O problema persistente das elevadas taxas de deposição pode ser resolvido por ICPs e MPs de alta densidade. A obtenção simultânea de elevadas taxas de deposição e de películas finas de Si com qualidade de dispositivo continua a ser um desafio significativo para estes ambientes de processo. O PECVD VHF (>40 MHz) operado com pressões de deposição relativamente elevadas parece ser uma direção promissora para obter taxas de deposição elevadas para mc-Si: H. No entanto, problemas como ondas estacionárias, efeito de pele ou gradientes de tensão em escalas de grandes dimensões podem impedir o crescimento homogéneo da película no regime VHF [Liu 2015]. A aplicação de processos de limpeza baseados em plasma que encurtam o ciclo de manutenção e, assim, aumentam o tempo de funcionamento efetivo dos reactores de plasma é outro desenvolvimento útil.

A pastilha de silício, que requer uma purificação extensiva para garantir um desempenho razoável, é um dos elementos que contribuem para o elevado custo do produto final. A redução da qualidade e da quantidade de silício contribui diretamente para reduzir o custo da energia eléctrica solar. As chamadas células solares de terceira geração com junções p-n nanoestruturadas com melhor dispersão e captura da luz podem constituir uma solução. Os progressos nos processos de gravação a seco por plasma desempenharão um papel decisivo na tecnologia das células solares de terceira geração. Tanto a ciência como as técnicas relevantes para as NS sintetizadas por plasma, bem como a sua exploração para as células fotovoltaicas de terceira geração, devem continuar a avançar.

Capítulo 4

4. Processos de plasma para o controlo da poluição atmosférica

O ar puro é uma mistura delicadamente equilibrada de azoto e oxigénio, com pequenas quantidades de gases vestigiais. Foram estabelecidas normas relativas ao ar ambiente para os seguintes poluentes Ozono, O_3, Monóxido de carbono, CO, Dióxido de enxofre, SO_2, Óxidos de azoto, NO_X, Compostos orgânicos voláteis, COV, Metais pesados, como Pb, Hg, Cd, etc., Partículas em suspensão, PM, Compostos contendo halogéneos, como HCI, CH_3 CI, etc. [Holzer 2002, Subramaniam 2006].

Os processos assistidos por plasma têm uma longa história de relevância para a mitigação da poluição atmosférica. A produção de ozono por DBD [Siemens 1857] foi a primeira aplicação ambiental de um plasma não térmico (NTP) e continua a ser uma das aplicações mais importantes. O precipitador eletrostático para a remoção de poeiras explora algumas propriedades físicas das descargas eléctricas. A aplicação de PNT para o controlo da poluição atmosférica ganhou importância após um ensaio de remoção de SO_2 à escala laboratorial, utilizando uma descarga corona pulsada, relatado em 1984 [Mizuno 1984].

A abundância de espécies activas no plasma pode dar início a uma gama mais vasta de vias de reação em comparação com as disponíveis através da ativação térmica tradicional. Nos plasmas não térmicos, a distribuição da energia dos electrões é diferente e não está em equilíbrio com a das partículas pesadas. Assim, pode ser atribuída ao gás de electrões uma temperatura substancialmente mais elevada do que a dos neutros pesados ou iões. Os electrões energéticos produzem excitação, dissociação e ionização por impacto de electrões para produzir radicais que, por sua vez, decompõem as moléculas tóxicas. As reacções podem ser direccionadas para transformar espécies específicas. Em termos energéticos, esta é uma forma muito mais eficiente do que utilizar o plasma para a dissociação térmica, especialmente quando as moléculas tóxicas formam um fluxo diluído.

A aplicação do plasma no controlo da poluição tornou-se prática com a disponibilidade de dispositivos que produzem plasmas não térmicos à pressão atmosférica. O elevado rendimento do processo necessário para corresponder aos caudais de efluentes em sistemas típicos como uma central eléctrica torna imperativo o funcionamento à pressão atmosférica. Estas fontes de plasma baseiam-se quer na irradiação de feixes de electrões de alta energia quer em métodos de descarga eléctrica. Estes últimos incluem (a) descarga corona pulsada, (b) descarga de superfície, (c) descarga de barreira dieléctrica (DBD) e (d) reator de leito fixo com pastilhas dieléctricas. Todas as descargas de plasma não térmico à pressão atmosférica baseiam-se em técnicas que inibem a transição do brilho para o arco. A descarga produz electrões com uma energia típica de 5-10 eV [Penetrante 1995], o que lhes confere energias cinéticas médias muito mais elevadas do que as dos iões e moléculas da fase gasosa circundante. Estes electrões energéticos podem interagir com o gás de fundo para produzir espécies altamente reactivas que destroem preferencialmente os poluentes.

4.1 Descargas Corona Pulsadas

A descarga corona é uma descarga de alta pressão produzida num campo elétrico não uniforme (Fig.15). A não homogeneidade do campo é criada pela escolha de uma configuração de eléctrodos com uma relação de área assimétrica (fio-cilindro, plano pontual). A descarga funciona no modo streamer; os streamers são filamentos de plasma de microdescarga produzidos por ondas de carga espacial altamente localizadas, que aumentam o campo elétrico aplicado à frente da onda e se propagam desenvolvendo uma avalanche de electrões neste campo. Devido à curta duração da tensão aplicada, os iões estão estacionários, o que resulta numa pequena dissipação de energia pelos iões e aumenta a eficiência energética. A curta duração da serpentina é conseguida de forma passiva através da proteção do potencial do elétrodo pela carga espacial. A cabeça da serpentina tem o campo elétrico mais elevado no espaço do elétrodo e tem uma velocidade de propagação mais rápida [Tochikubo 2002]. Consequentemente, a energia dos electrões gerada por descargas pulsadas com uma duração de nanossegundos é superior à de uma descarga pulsada mais longa.

O preenchimento do espaço do elétrodo com um material ferroelétrico como o titanato de bário (constante dieléctrica da ordem dos 15.000) pode intensificar o campo elétrico, aumentando a eficiência do efeito corona. Para aplicações ecológicas, muitos tubos de descarga corona são ligados em paralelo, tanto física como eletricamente, para aumentar o rendimento do sistema. Foram também utilizados outros materiais ferroeléctricos, como o $Mg_2 TiO_4$, o $CaTiO_3$, o $SrTiO_3$ e o $PbTiO_3$. Os reactores ferroeléctricos de leito fixo podem ser facilmente modificados para incorporar um catalisador [Muller2007],

A camada catalítica, que se desenvolve nos eléctrodos, é mais vantajosa em comparação com a camada catalítica química. No catalisador convencional, os electrões necessários para a condução de algumas reacções químicas são obtidos quimicamente, ou seja, através da adição de um dador de electrões adequado à "camada de lavagem" (por exemplo, uma adição de MgO). Na camada electrocatalítica, estes electrões são fornecidos pela própria descarga.

O Conselho Nacional de Eletricidade italiano (ENEL) foi pioneiro no trabalho sobre o tratamento corona pulsado de gases de combustão. A tecnologia ENEL é atractiva devido à remoção simultânea de NO_X e SO_X com um único processo seco [Mills 2015]. Em 1988, a ENEL criou uma instalação à escala industrial em Marghera, Itália. Um comité de estudo patrocinado pelo Ministério do Comércio Internacional e da Indústria do Japão (MITI) através da Associação Japonesa da Indústria de Maquinaria avaliou o processo de corona pulsado para caldeiras de utilidade de queima de carvão [Maezawa 1995]. O processo foi comparado com o processo convencional de cálcio e gesso para o deSOx combinado com o processo catalítico de amoníaco para o $deNO_x$, bem como com a rota de feixe de electrões para o processo $deNO_x$ /$deSO_x$. O comité de estudo concluiu que o método corona merece ser desenvolvido como a tecnologia da próxima geração para a remoção de SO_2 e NO_X em instalações de caldeiras de serviços públicos.

A tecnologia de suporte para os reactores corona pulsados é bastante avançada. A caraterística eletricamente significativa da carga corona positiva é a sua impedância dependente do tempo e da tensão, que é determinada por componentes resistivos e capacitivos. Quando a tensão aplicada é superior a 80 kV, aparece uma zona de impedância plana de 200 a 600 nanossegundos. Este facto levou ao desenvolvimento de geradores de impulsos de tensão constante utilizando linhas formadoras de impulsos.

4.2 Descargas de barreira dieléctrica

A descarga por barreira dieléctrica (DBD) tem uma fina camada dieléctrica entre os eléctrodos [Brandenburg 2017]. O limite dieléctrico atinge a polaridade aplicada, extinguindo a descarga (Fig.16). A aplicação de um impulso bipolar elimina a carga espacial, iniciando outra descarga transitória [Kogelschatz 2003]. O material dos eléctrodos com a camada dieléctrica ou ferroeléctrica desenvolve um efeito catalítico. No ar à pressão atmosférica, o modo de descarga dominante é a microdescarga, com filamentos de curta duração. Com gases inertes, o modo de descarga incandescente torna-se dominante, produzindo a descarga incandescente à pressão atmosférica (APGD). No reator DBD, é aplicada aos eléctrodos uma alta tensão CA (tipicamente 10 a 20 kV e 50 Hz a 2 kHz). A descarga de barreira é caracterizada por milhões de pequenas microdescargas pulsadas repetidamente. A densidade de corrente destes filamentos (0,1 mm de diâmetro, com uma duração de 3 ns) é de aproximadamente 1 кA/cm^2 . Os electrões energéticos gerados nesta micro descarga produzem vários radicais e iões por colisão com moléculas de gás. Estes radicais difundem-se no espaço da barreira de descarga e reagem com o gás de fundo.

Uma terceira via de plasma sem equilíbrio é o reator fotoquímico UV, baseado na técnica de descarga superficial [Bark 2000]. Os impulsos de alta tensão e alta frequência, aplicados a tiras de superfície metálica com um intervalo entre elas, produzem uma rutura na superfície e emitem radiação ultravioleta. Os comprimentos de onda UV na descarga de plasma, produzidos pelas moléculas de azoto, desencadeiam reacções de oxidação devido à formação de pares eletrão-buraco na superfície dos catalisadores [Kang (2005), Demeestere (2005)].

4.6 Sistemas híbridos catalíticos de plasma

Quando as NTPs são combinadas com um catalisador, a eficiência energética do processo de poluição do ar mediado por plasma melhora. Isto resulta em alterações das propriedades do plasma, tais como uma mudança da energia média dos electrões, uma mudança do modo de descarga, etc. As propriedades do catalisador também são modificadas. A granularidade da superfície do catalisador torna-se mais fina com uma distribuição mais dispersa após a exposição ao plasma. A área de superfície específica aumenta e desenvolve-se uma rede cristalina menos perfeita com mais vacâncias [Guo Y F et. al. 2006]. A atividade catalítica é melhorada, o que denota os efeitos sinergéticos dos sistemas catalíticos de plasma [Kim 2006], especialmente com catalisadores heterogéneos [Grossmannova 2006].

O aumento de temperatura nas NTPs é demasiado moderado para explicar a ativação catalítica térmica [Holzer 2005]. No entanto, podem formar-se pontos quentes na superfície do catalisador através de microdescargas que surgem entre arestas vivas na superfície da pastilha. O aumento da temperatura do catalisador pode promover a remoção catalítica de COV [Kim 2006].

O catalisador heterogéneo pode ser combinado com a NTP (Fig.17) de duas formas: introduzindo o catalisador na zona de descarga (catálise no plasma, IPC) ou colocando o catalisador após a zona de descarga (catálise pós-plasma, PPC). O material catalisador heterogéneo pode ser introduzido como um revestimento na parede do reator ou nos eléctrodos, como um leito empacotado (granulados, fibras revestidas, pellets) ou como uma camada de material catalisador (pó, pellets, granulados, fibras revestidas) [Van Durme 2008]. A forma do catalisador pode ser em pellets, espuma ou favo de mel. No IPC, os catalisadores colocados no interior do reator são activados por exposição a plasma na região de baixa temperatura, onde a catálise térmica é bastante ineficaz [Kim 2004a]. A formação de subprodutos, tais como aerossóis, ozono e compostos orgânicos mais pequenos, é fortemente inibida na tecnologia de catalisador de plasma híbrido [Kim 2005]. Também foi registada uma melhoria da eficiência da decomposição. Idealmente, o catalisador deve ser colocado na região de alta densidade do reator, onde abundam os radicais e os electrões energéticos. Um reator de leito empacotado em que o catalisador ou o ferroelétrico ou ambos são utilizados como material de empacotamento entre eléctrodos é um exemplo típico de IPC. Os electrões energéticos são produzidos perto dos pontos de contacto das pastilhas ferroeléctricas devido ao aumento local do campo elétrico [Matsumoto 2012]. Com todas as reacções a ocorrerem em simultâneo, é bastante complicado desvendar e otimizar as reacções químicas no sistema IPC. A adsorção e a dessorção induzidas pelo plasma, as alterações induzidas pelo catalisador nas propriedades do plasma, etc. são esperadas no sistema IPC [Liu 1998]. Os catalisadores em plasma registados são $BaTiO_3$, $Al2O_3$, SiO_2 , TiO_2 , MnO_2 e os seus derivados [Sano 2006].

No sistema de duas fases, referido como um sistema PPC, conforme ilustrado na Figura 17, o leito do catalisador é colocado a jusante dos reactores NTP. Este sistema tem a vantagem de poder combinar as condições óptimas do NTP e do catalisador, que de outra forma são únicas.

Por exemplo, a temperatura óptima do catalisador é normalmente mais elevada do que a do NTP. O papel do plasma no PPC é promover a conversão parcial do reagente e formar ozono. A oxidação parcial do reagente é importante para a remoção de NO_X [Kim 2004]. Uma vez que muitos catalisadores de remoção de NOx têm maior atividade em relação ao NO_2 do que ao NO, a conversão de NO em N02 aumenta drasticamente a eficiência da remoção de NOx. No caso dos COV, o ozono é produzido no reator NTP, quer diretamente no fluxo de gases de combustão, quer indiretamente num fluxo separado com ar (ou oxigénio).

Algumas destas técnicas foram comercializadas. A Oxidação a Baixa Temperatura (LowTox) funciona com a injeção de ozono em combinação com um sistema de depuração húmida para tratar as emissões de SO_X e NO_X de uma refinaria [Confuorto 2005]. Um processo que combina um processo de despoluição baseado em plasma com depuração (Boyle, 2005) é comercializado como ECO (Electro-Catalytic Oxidation) pela Powerspan Corporation. O DBD oxida os poluentes em compostos solúveis ou capturáveis (por exemplo, NO em NO_2 ; SO_2 em SO_3) e forma partículas e névoa de aerossóis que são removidos num recipiente absorvente. Foram desenvolvidos projectos para aplicações em centrais eléctricas a carvão com potências entre 175 e 1 000 MW [Brandenberg 2011].

4.4 Limpeza de escapes de automóveis

A crescente sensibilização para as questões ambientais e as pressões regulamentares são os motores para encontrar métodos energeticamente eficientes de limpeza dos gases de escape dos motores diesel em termos de óxidos de azoto e partículas. A relação ar/combustível no motor de combustão interna controla a emissão de hidrocarbonetos; uma relação mais pobre reduz as emissões. A melhoria do desempenho dos motores diesel parece ter atingido um patamar e parece ser necessária alguma forma de pós-tratamento. Normalmente, os gases de combustão contêm 200-1.000 ppm de NO_X , 10-200 ppm de hidrocarbonetos, 200-700 ppm de CO e partículas de vários tamanhos [Brandenberg 2011]. A NTP tem sido aplicada para o tratamento de gases de escape de motores diesel de vários tamanhos, desde pequenos carros, camiões pesados e marinhas [Cha et al., 2007; McAdams et al., 2008].

Os colectores de partículas diesel requerem uma regeneração contínua para evitar a queima descontrolada das partículas acumuladas. A tecnologia convencional de catalisadores é ineficaz nas condições de combustão pobre. A tecnologia emergente consiste em combinar técnicas de plasma com catalisadores sem a utilização de aditivos.

A interação do plasma com o NO_X na presença de N_2 e O_2 conduz principalmente à oxidação. A dissociação por impacto dos electrões pode produzir radicais N e O altamente reactivos. À temperatura típica do eletrão de 3-6 eV prevalecente em fontes de plasma sem equilíbrio [Penetrante 1995], a dissociação do O_2 dominará sobre a dissociação do N_2 . Os gases de escape dos motores ricos em oxigénio são assim um ambiente altamente oxidante e os conversores catalíticos convencionais são ineficazes nessas condições. A oxidação por plasma em conjunto com a redução catalítica selectiva pelos hidrocarbonetos conduz à redução catalítica melhorada por plasma (PE-SCR) do NO_X (Penetrante et al., 1998; Broer & Hammer, 2000; Tonkyn et al., 2003; Mizuno 2007; Mok & Huh, 2005; Cha et al. 2007; McAdams et al., 2008; Hammer et al., 1999). As técnicas de plasma não térmico poderiam presumivelmente iniciar uma química de redução do NOx semelhante à dos métodos térmicos ou catalíticos de deNOx. Isto é conseguido nas duas etapas seguintes:

      Plasma + NO + HC + O_2 = NO_2 + produtos HC

      Catalisador + NO_2 + HC = N_2 + CO_2 + H2O

Na PE-SCR, o plasma conduz a oxidação (NO a óxidos de nitreto superiores e hidrocarbonetos a óxidos parcialmente oxidados), o que é necessário porque muitos catalisadores de redução de NO_x têm uma atividade mais elevada em relação ao NO_2 e, assim, a eficiência de remoção a baixas temperaturas é significativamente aumentada (Penetrante et al., 1998; Broer & Hammer2000].

O aumento adicional da redução do NO_X no catalisador é conseguido pelos radicais de hidrocarbonetos gerados no plasma (Penetrante et al., 1998; Tonkyn et al., 2003). A redução eficaz do NO_X a N_2 no catalisador só terá lugar no ambiente oxidante dos gases de escape do gasóleo quando existirem agentes redutores suficientes (NH_3 , hidrocarbonetos como o propeno). Com os rácios mais magros, característicos de um processo de combustão optimizado, os hidrocarbonetos são escassos nos gases de escape do motor para uma redução eficiente do NO_X (Tonkyn et al., 2003; Cha et al., 2007). Assim, é necessário injetar um agente redutor adicional retirado do combustível para os gases de escape. A presença de hidrocarbonetos na fase de plasma converte o NO em NO_2 (Penetrante et al., 1998). A produção de HCN é possível quando são utilizados hidrocarbonetos (Tonkyn et al., 2003).

A AEA Technology no Reino Unido, associada ao laboratório britânico de investigação sobre fusão em Culham, desenvolveu o filtro de partículas diesel Electrocat para limpar as emissões de partículas dos gases de escape dos motores diesel [McAdams 2003]. Os primeiros ensaios foram efectuados no Southwest Research Institute, processando os gases de escape dos camiões Dodge e Toyota. O reator utiliza uma tensão alternada aplicada através de um material de empacotamento cerâmico. O material de empacotamento aumenta significativamente o tempo de permanência das partículas, permitindo uma oxidação completa com uma energia modesta da ordem dos 0,34 kWh/д. Foi demonstrada a remoção simultânea de partículas até 90 por cento e a redução de NOx até 75 por cento.

Os sistemas de limpeza dos gases de escape dos automóveis por plasma têm de funcionar dentro de orçamentos rigorosos de consumo de energia para serem comercialmente aceitáveis. O consumo de energia eléctrica dos diferentes tipos de fontes de plasma não térmico, como os reactores de coroa pulsada, de barreira dieléctrica e de pastilhas dieléctricas utilizados no tratamento do NO diluído em N_2 é de cerca de 240 eV por molécula de NO [Penetrante 1995]. Os alternadores da maioria dos automóveis modernos produzem até 100 quilowatts de eletricidade a alta velocidade e entre 20 e 25 quilowatts a velocidades normais de marcha lenta. O objetivo é atingir 90% de redução de NO com 5% de potência do motor. A Electrocat afirma que o consumo é de 1 por cento da potência do motor. Para a limpeza dos gases de escape do gasóleo por tratamento com plasma, o consumo adicional de combustível não deve exceder 5 % [Tonkyn et al., 2003; Mizuno 2007]. O consumo adicional de combustível estimado para sistemas típicos devido à geração de plasma foi de 4-5 % [Mizuno 2007].

Em 2003, um reformador de combustível plasmatron foi utilizado pela ArvinMeritor num ensaio bem sucedido num autocarro de um sistema de tratamento de gases de escape de duas pernas com armadilha de NO_X regenerado com gás rico em hidrogénio [Bromberg 2005, Thomson 2003]. O caudal de combustível diesel de entrada para o reformador de combustível plasmatrão foi de 0,8 g/s. Em 2004, o reformador de combustível plasmatron do MIT funcionou com um caudal de gasóleo superior a 2 g/s, correspondente a 80 kW de reformado de combustível. Este reformador produziu cerca de 1,5 l/s de H_2 sem a utilização de um catalisador de reforma para a produção adicional de hidrogénio [Bromberg 2005]. Este tipo de funcionamento com caudal mais elevado pode facilitar a regeneração rápida de sistemas de armadilhas de NO_X de perna única. O conversor de combustível plasmatron foi modificado para reformar o gasóleo. O objetivo é converter os compostos pesados do gasóleo em hidrocarbonetos leves, bem como em H_2 e CO, que podem ser utilizados em aplicações de pós-tratamento. O produto do conversor de combustível plasmatron tem um mínimo de oxigénio e pouca ou nenhuma fuligem. O plasmatrão diesel pode ser ligado e desligado rapidamente (~ 3-5 segundos). Para aplicações de pós-tratamento de gasóleo, o desempenho dinâmico do reformador de combustível plasmatron é importante devido ao baixo ciclo de funcionamento. Para aplicações de regeneração do catalisador de NO_X , o plasmatron pode ser ligado durante alguns segundos a cada meio minuto, aproximadamente. Para aplicações de filtros de partículas diesel, o plasmatrão pode funcionar com um ciclo de funcionamento baixo [Bromberg 2005].

4.5 Destruição de contaminantes orgânicos voláteis

A destruição de grandes stocks de solventes halogenados depende claramente do desenvolvimento e da aplicação de métodos de tratamento eficazes e eficientes. Nas coronas de leito compactado, a elevada frequência de colisões superficiais envolvendo espécies reactivas e/ou energéticas sugere que os processos mediados pela superfície podem também afetar a eficiência global do plasma. O sinergismo entre a química do plasma induzida por electrões e as reacções de superfície pode ser explorado no tratamento de fluxos de resíduos [Becker 2000].

Uma classe importante destes compostos é a dos compostos halogenados, como o tetracloreto de carbono (CCI_4), o tricloroetileno ($C\ HCI_{23}$) e o hexafluoroetano ($C2F_6$). A destruição e o tratamento destes compostos são particularmente importantes, uma vez que alguns dos solventes clorados foram utilizados durante décadas numa grande variedade de aplicações de processamento. A decomposição de

A oxidação dos COV é conseguida através de três tipos básicos de reacções químicas. A dissociação por impacto eletrónico das moléculas de oxigénio produz radicais O e OH (se estiver presente vapor de água) que podem oxidar as moléculas de COV através da reação:

$$O^* + CCI_4 = CIO + CCI_3$$

Os electrões de baixa energia produzidos no plasma podem decompor as moléculas de COV através da ligação dissociativa de electrões, como em

$$e + CCI_4 = Cl' + CCI_3$$

Os iões do plasma podem decompor as moléculas de COV através da troca dissociativa de cargas durante a reação:

$$N_2 + CH3OH = CH_3 + + OH + N2$$

Um dos problemas na decomposição de COV é a formação de aerossóis de dimensões nanométricas [Kim 2004], um perigo grave para a saúde. O reator IPC é considerado o melhor em termos de eficiência energética e de formação de subprodutos. Para além da eficiência energética, o outro fator importante na decomposição de COV é a seletividade do CO_2 . O corona pulsado apresenta a pior seletividade de CO2 e o pior balanço de carbono, bem como a maior formação de aerossóis. O reator DBD e a descarga superficial apresentam tendências muito semelhantes em termos de balanço de carbono e de seletividade de CO_2 . O reator IPC apresenta a maior seletividade de CO_2 (72%); não se formam aerossóis com o reator PPC.

A capacidade do plasma não térmico para atenuar os contaminantes orgânicos voláteis está a encontrar uma aplicação crescente no tratamento da poluição do ar interior. Uma derivação muito interessante desta tecnologia é o tratamento do ar de sistemas fechados, como naves espaciais em missões espaciais de longa duração. As tecnologias actuais utilizam o carbono para filtrar os contaminantes nos circuladores de ar utilizados nesses sistemas. No entanto, os actuais sistemas de adsorção de carbono são inadequados para missões prolongadas, devido à saturação do sistema e à necessidade de regeneração. Um problema específico em tais missões é a necessidade de alimentar o crescimento de plantas para a produção de alimentos in-situ. O gás etileno, que é produzido nesses ambientes, tem de ser destruído para evitar o seu efeito negativo no crescimento das plantas. O trabalho sobre fontes de plasma não térmico baseado em descargas do tipo capilar que está a ser desenvolvido no Instituto Stevens em Nova Jersey foi aplicado a tais condições [Christodoulatos 2000].

4.6 Lavagem por feixe de electrões

Cientistas japoneses demonstraram em 1970-1971 a remoção de SO_2 utilizando um feixe de electrões de um acelerador linear (2-12 MeV, 1,2 kW). Uma dose de 50 kGy a 100°C levou à conversão do SO2 num aerossol de gotículas de ácido sulfúrico, que foram facilmente removidas [Kurucz CN 1995]. A energia do feixe de electrões é diretamente utilizada para a dissociação e ionização do gás de fundo. Durante a ionização pelo feixe, é gerado um chuveiro de electrões secundários, que produzem ainda um grande volume de plasma que remove vários tipos de moléculas poluentes [Matsumoto 2012]. O elevado custo de capital dos aceleradores de electrões e o risco de raios X associado limitaram a difusão da tecnologia.

O processo de feixe de electrões (Fig.18) é um processo de depuração a seco e tem sido aplicado com êxito na remoção de dióxido de enxofre e óxidos nitrosos. O gás passa através do recipiente de processamento onde é irradiado por feixes de electrões de alta energia na presença de uma quantidade quase estequiométrica de amoníaco. Os electrões rápidos abrandam e formam-se electrões secundários que desempenham um papel importante na transferência global de energia. Os electrões rápidos interagem com o gás gerando vários iões e radicais. Muitos radicais oxidativos como O, OH e HO_2 são produzidos por irradiação de feixe de electrões em O_2 e H_2O nos gases de escape. O NO_X e o SO_X são oxidados por estes radicais em HNO_3 e H2SO4 , que são convertidos em nitrato de amónio e sulfato de amónio, que podem ser utilizados para fazer fertilizantes. O processo de feixe de electrões foi avaliado em termos de custos operacionais e de capital em comparação com o processo convencional de pedra de cal húmida e foi considerado favorável [Chmielewski 2005].

A Ebara Corporation, no Japão, iniciou o processo de Amoníaco por Feixe de Electrões (EBA) em 1970 e, em colaboração com o Instituto Japonês de Investigação da Energia Atómica (JAERI), criou uma instalação de ensaio com um acelerador de electrões (0,75 MeV, 45 kW) que testou gases com concentrações de 900 PPM de SO_2 e 80 PPM de NO_X . Posteriormente, a Ebara, juntamente com a Nippon Steel e a NOx Association, construiu e testou uma instalação de gases de combustão de 10 000 Nm^3 /h em Wakamatsu para remover SO_2 e NO_X dos gases de escape de uma instalação de sinterização de aço. O resultado foi uma remoção de NO_X superior a 90 por cento e uma remoção de SO_2 superior a 95 por cento. Em 1992, uma instalação de 12 000 Nm^3 /h foi também construída pela Ebara Corporation em Nagoya, para demonstrar o processo numa grande variedade de combustíveis. Em 1997, foi colocada em funcionamento uma fábrica de 300 000 Nm^3 /h em Chengdu, na China. O custo de capital do processo EBA é de 150-200 dólares/kWe, o que é considerado competitivo em relação a outros processos. O custo de funcionamento está estimado em 635 dólares por tonelada de remoção.

Os esforços dos EUA neste domínio começaram com um programa da Research Cottrell patrocinado pelo Departamento de Energia (DoE) em 1979-80. Em 1984, a Research Cottrell construiu uma instalação-piloto na fábrica de vapor TVS Shawnee e efectuou testes para a produção de ácidos sulfúrico e nítrico, que foram convertidos em sulfito de cálcio e nitrato de cálcio utilizando um spray de cal hidratada. A Ebara Corporation, em colaboração com o DoE, embarcou num programa para construir e operar uma fábrica na fábrica E. W. Stout em Indianápolis [Kubota 2002]. A fábrica de Indianápolis estava equipada com dois aceleradores de feixes de electrões (0,8 MeV, 160 kW) e tinha uma capacidade de 1,6-3,2 x 104 m^3 /h com gás contendo 1000 ppm de SO2 e 400 ppm de NOx. Em Karlsruhe, foram utilizados dois aceleradores de electrões (0,3 MeV, potência total de 180 kW) [Witting 1988] para tratar 1-2 x 104 m^3 /h de gases de combustão contendo 50-500 ppm de SO_2 e 300-500 ppm de NO_X .

A Agência Internacional da Energia Atómica (AIEA) apoiou a instalação de um sistema de tratamento por feixe de electrões de 300 000 m^3 /h em 1999, na central eléctrica de

Pomorzany, na Polónia. Este sistema baseia-se numa instalação piloto em Kaweczyn, que atingiu uma eficiência de remoção de 90% para SO_2 e 70-90% para NO_X . O processo demonstrou ser competitivo em relação a outras técnicas. A instalação industrial de tratamento de gases de combustão está localizada na EPS Pomorzany em Szczecin, no norte da Polónia [Chmielewski 2002]. A instalação purifica os gases de combustão de duas caldeiras Benson de 65 MWe e 100 MWth cada. O caudal máximo dos gases é de 270 000 Nm^3 /h e a potência total do feixe é superior a 1 MW [Venturi 2017]. Existem duas câmaras de reação com um caudal nominal de gás de 135 000 Nm^3 /h. Cada câmara é irradiada por dois aceleradores (260 kW, 700 keV), que estão instalados em série. A remoção de SO_2 aproxima-se de 80-90% nesta gama de doses, e a de NO_X é de 50-60% [IAEA 2005]. O subproduto é recolhido pelo precipitador eletrostático e enviado para uma fábrica de fertilizantes [Chmielewski A G 2004].

O Laboratório de Investigação Naval dos EUA (NRL) tem procurado soluções para reduzir o NO_X das centrais eléctricas a carvão e de outras fontes de energia baseadas na combustão [NRL 2014]. O plano consiste em injetar impulsos de feixes de electrões nos gases de escape de uma central eléctrica alimentada a combustíveis fósseis para dissociar as ligações NO_X . O gerador de feixes de electrões, denominado Electra, foi originalmente desenvolvido como parte do programa de fusão do NRL.

4.7 Depuradores de plasma para tratamento de PFCs

Os perfluorocarbonetos (PFC) são extremamente eficientes na retenção de calor, até 9500 vezes mais do que o dióxido de carbono (CO_2) e têm um tempo de residência até 50 000 anos. Assim, embora as emissões globais de gases com efeito de estufa representem menos de 0,25% [Sematech 2005], a sua contribuição para as alterações climáticas é desproporcionadamente grande. Os PFC são geralmente agrupados como gases com efeito de estufa sem CO_2 com "elevado potencial de aquecimento global" e constituem um alvo atrativo para os esforços de atenuação, dado que o impacto por tonelada de redução é muito superior ao do CO_2 . Além disso, são mais acessíveis do que o CO_2 porque têm origem em fontes facilmente identificáveis.

Os processos microelectrónicos são atualmente responsáveis por cerca de 25-30% das emissões globais de PFC. Os PFC são utilizados na gravação por plasma e na limpeza de câmaras de deposição química de vapor (CVD) [Illuzzi 2010]. Uma boa fração dos gases utilizados nestes processos evapora-se para a atmosfera sem reagir. Sendo críticos na tecnologia avançada de dispositivos semicondutores, os PFC são fundamentais para a inovação futura [Columbia 2012]. Os PFC são também utilizados como solventes industriais em limpezas de precisão, em substituição dos CFC, mais perigosos e que empobrecem a camada de ozono.

A mitigação é efectuada através de um processo de pirólise a alta temperatura [Glocker 2012]. A forte ligação química entre C e F ou Cl é quebrada e convertida em fluoreto de hidrogénio estável e cloreto de hidrogénio por reação com oxigénio e hidrogénio (Fig.19). O CF_4 , que tem a ligação C-F mais estável e forte, necessita de mais de 1600 °C para a pirólise. O oxigénio e o hidrogénio têm de ser fornecidos para reagir com o F para evitar a formação de CF4 estável. Um processo de pirólise a alta temperatura que utiliza plasma de vapor, no qual as moléculas de PFC/HFC são quebradas pelo calor, a fim de obter ácido fluorídrico e ácido clorídrico para recuperação como produtos químicos valiosos [Glocker 2012]. O plasma de água é gerado numa tocha de plasma aquecida por arco (Fig.20). O gás contendo PFC é injetado no plasma reativo numa câmara de mistura. Para garantir uma reação completa, a mistura é alimentada através de uma câmara de reação de alta temperatura. Na primeira fase, o fluxo de gás é arrefecido por um fluxo de água. Em paralelo com o arrefecimento, obtém-se uma primeira limpeza do fluxo de gás dos componentes ácidos. A temperatura do fluxo pode ser arrefecida até 40°C após o arrefecimento. Após a primeira fase, seguem-se fases de limpeza adicionais, utilizando água de reciclagem para a depuração de gases. Para atingir a concentração de gás limpo necessária, a última fase de limpeza fina é efectuada com água limpa [Glocker 2017].

4.8 Perspectivas futuras

O processo de e-beam demorou cerca de 30 anos, desde os ensaios à escala-piloto no início dos anos 70 até à comercialização à escala real no final dos anos 90 [Frank 1992]. A primeira instalação de feixes electrónicos à escala real (300 000 Nm^3 /h) foi instalada numa central eléctrica alimentada a carvão em Chendu, na China (12); [Doi 2000] dois anos mais tarde, uma instalação à escala semelhante (270 000 Nm3/h) arrancou na Polónia com o apoio da IAEA (Agência Internacional da Energia Atómica) e do JAERI (Instituto de Investigação da Energia Atómica do Japão). Uma demonstração em grande escala da tecnologia NTP foi iniciada pela ENEL (Itália) na central de Marghera no final dos anos 80 e, desde então, foram efectuados muitos outros testes na China, Coreia e Japão [Kim 2004]. É de notar que a eficiência energética foi melhorada cerca de 7-8 vezes nos últimos 15 anos. A energia de entrada específica era de cerca de 15 Wh/Nm^3 no primeiro ensaio efectuado pela ENEL, tendo desde então sido reduzida para cerca de 2 Wh/Nm^3 em ensaios recentes.

Um obstáculo à expansão dos sistemas corona pulsados é a fonte de alimentação de impulsos. Atualmente, a fonte de alimentação de impulsos máxima disponível parece ser de cerca de 120 kW [Yan 2002]. O desenvolvimento de uma fonte de alimentação fiável com grande potência e baixo custo pode acelerar ainda mais a utilização industrial da tecnologia NTP. Um desafio é o aumento da escala da tecnologia corona pulsada para lidar com grandes fluxos, normalmente 10.000-100.000 Nm^3 /h (metro cúbico normal por hora). A potência de plasma necessária para a remoção de compostos pode situar-se entre 10 e 300 kW, dependendo do caudal, do poluente, do nível de concentração, do nível de conversão necessário, etc. Toda esta potência tem de ser comprimida em impulsos repetitivos com menos de 100 ns de largura. Os sistemas híbridos catalíticos de plasma estão ainda numa fase inicial de desenvolvimento e existem grandes possibilidades de melhorar o desempenho do sistema através da descoberta de novos materiais e catalisadores eficazes para o sistema combinado. A interação entre o plasma e o catalisador tem de ser investigada em maior profundidade e é necessária uma compreensão mais profunda da física e da química da interação do plasma com os gases poluídos. O próprio NTP contém muitas incógnitas, especialmente a física dos plasmas filamentosos constituídos por microdescargas. Além disso, os parâmetros do sistema de alimentação eléctrica desempenham um papel importante no processo de remoção, sendo necessário desenvolver novas topologias com elevado potencial de melhoria. A colaboração entre investigadores das diferentes disciplinas será necessária para um maior progresso no processamento de NTP.

Capítulo 5

5. Gaseificação por plasma para a produção de energia a partir de resíduos

A urbanização, a riqueza e a industrialização crescentes conduziram a um aumento do consumo de recursos naturais, com o aumento simultâneo da produção de resíduos. Os resíduos sólidos urbanos (RSU), o maior fluxo de resíduos, incluem o lixo doméstico e o entulho, a varredura de ruas e os detritos de construção e demolição [Joseph 2007]. A gestão dos RSU é um problema de grande preocupação tanto para o mundo desenvolvido como para o mundo em desenvolvimento. O método tradicional de eliminação recorre a aterros sanitários ou à incineração quando a redução do volume é fundamental. Ambos são inaceitáveis do ponto de vista ambiental.

Com as preocupações prevalecentes sobre a degradação ambiental e o esgotamento dos depósitos fósseis, os RSU estão a começar a ser vistos como uma reserva de combustível renovável (Fig.21). A gaseificação de resíduos orgânicos por decomposição termoquímica para produzir gás de síntese, que pode recuperar até 80% da energia química contida nos resíduos, parece ser uma alternativa eminentemente sensata em comparação com a incineração. Este gás de síntese, composto principalmente por CO e H2, pode também ser utilizado como matéria-prima para a produção de combustíveis líquidos sintéticos em processos como o processo Fischer-Tropsch.

Os RSU, embora compostos principalmente por biomassa, contêm hidrocarbonetos de origem fóssil e podem ser considerados um combustível heterogéneo. Os componentes não biogénicos combustíveis, como os plásticos, têm um teor energético mais elevado por unidade de peso do que os materiais biogénicos combustíveis. O rácio entre os volumes de materiais biogénicos e não biogénicos é significativo para determinar o teor de calor do fluxo de resíduos [Ducharme 2010]. A composição química dos RSU pode ser comparada a qualquer combustível orgânico sólido, como o carvão ou a biomassa. De acordo com [Shah 2017], a composição elementar dos RSU situa-se no intervalo (% de peso): C - (17 - 30), H_2 - (1,5 - 3,4), O_2 - (8 - 23), $H_2 O$ - (24 - 34), cinzas - (18 - 43) e o calor específico médio de combustão dos RSU está na faixa de 5a10 MJ.kg^{-1} .

A gaseificação por plasma pode constituir um componente-chave num sistema que visa a eliminação de resíduos e a produção de combustíveis renováveis. O processamento por plasma tem sido utilizado há anos para tratar resíduos perigosos, como cinzas de incineradoras e armas químicas, e convertê-los em escórias não perigosas. [th]A gaseificação teve origem no século XIX, quando foi utilizada para refinar carvão e biomassa numa variedade de combustíveis líquidos, gases e produtos químicos. As modernas centrais de carvão limpo são todas gaseificadoras. A gaseificação por plasma utiliza tochas de plasma e não fontes de calor convencionais. As tochas de plasma são as fontes de calor mais intensas disponíveis, sendo relativamente fáceis de operar.

5.1 A tocha de plasma

A tocha de plasma é o cavalo de batalha do processamento de plasma térmico. As tochas de plasma produzem plasmas enviando correntes eléctricas a altas tensões através de um fluxo de gás de alta velocidade inicialmente não condutor, sendo o plasma extraído como um jato através de uma abertura no elétrodo a partir dos limites do espaço cátodo-ânodo. Podem ser gerados fluxos de gás de alta entalpia capazes de criar grandes volumes de reação. As colunas de arco são intrinsecamente susceptíveis a instabilidades térmicas e electromagnéticas, que são estabilizadas por um fluxo de gás forçado ao longo do percurso da corrente ou por interação com uma parede de orientação ou por campos magnéticos externos [John 2005].

O motor para o desenvolvimento de tochas de plasma foi a corrida espacial na década de 1960. Os mísseis que reentram no ar atmosférico criam plasma ionizado por choque. Esta condição tinha de ser simulada em laboratório para o desenvolvimento de materiais capazes de suportar o calor abrasador da reentrada. Os sistemas de arco de simulação foram concebidos para gerar estas condições utilizando gases limpos e de elevada entalpia a altas pressões de estagnação. Muitas das actuais tochas de plasma são derivadas das fontes de jato de plasma construídas para esta aplicação [Gage 1957].

Enquanto a conceção do cátodo determina a corrente de funcionamento e o nível de potência, a conceção do ânodo domina a transferência de calor e de energia para os materiais a processar. A recolha de electrões no material do ânodo e a transferência da entalpia dos electrões contribuem para o fluxo de calor. Tipicamente, 50 por cento do fluxo de calor do ânodo é devido ao fluxo de corrente, aproximadamente 45 por cento por condução/convecção e o restante por radiação [Sanders 1984].

O fluxo total de calor do ânodo em arcos contínuos pode ser da ordem de 1-20 kW/cm^2 , enquanto pode atingir valores da ordem de MW/cm^2 para arcos pulsados.

O mercado atual de tochas de plasma de alta potência é partilhado principalmente por quatro empresas: Westinghouse, Europlasma, Tetronics e Phoenix Solutions Company (PSC) [Shah 2017]. A Westinghouse começou a trabalhar na década de 1970 no desenvolvimento de tochas de plasma para simular a reentrada atmosférica de sondas espaciais de retorno. Na década de 1980, as tochas começaram a ser adaptadas para o tratamento de resíduos. Atualmente, a empresa comercializa várias tochas, com potências até 2,4 MW. Estas tochas funcionam geralmente em modo não transferido e podem utilizar diferentes gases de plasma, incluindo o ar. A Europlasma é uma empresa francesa criada nos anos 90 pela EADS-LV (antiga Aerospatiale) [Europlasma 2017a]. Tal como a Westinghouse, esta tecnologia foi originalmente desenvolvida para aplicações espaciais e militares antes de desenvolver aplicações relacionadas com a indústria siderúrgica e o tratamento de resíduos. Atualmente, a empresa comercializa uma vasta gama de tochas de plasma DC com potências que vão até 4 MW. As tochas Europlasma (Fig.22) controlam o movimento das raízes do arco no elétrodo a montante com um campo magnético, enquanto que, no elétrodo a jusante, o movimento do arco é regido pelo gás que flui para a câmara de injeção [Europlasma 2017b]. Os eléctrodos são arrefecidos por água desionizada. A PSC, nascida em 1993 a partir do pioneiro aeroespacial FluiDyne, comercializa uma ampla gama de tochas de plasma DC com potências que variam de 50 kW a 3 MW [E4tech 2009]. As tochas de plasma Tetronics operam nos modos de arco transferido ou arco não transferido, com elétrodos de grafite ou com base no sistema TwinTorch™, em que duas tochas de arco transferido de polaridade oposta são conectadas em série [Morrin 2012] [Tetronics 2017].

As tochas de plasma CA trifásicas não transferidas utilizadas para o processamento de resíduos, biomassa ou carvão foram desenvolvidas no Instituto de Electrofísica e Energia Eléctrica da Academia Russa de Ciências em São Petersburgo [Rutberg 2009]. Os eléctrodos são constituídos por tubos de cobre arrefecidos a água e o movimento da fixação do arco utilizando o campo auto magnético do arco minimiza a erosão. A tocha de plasma AC foi concebida para trabalhar com meios oxidantes ou vapor como gás de plasma. A erosão do elétrodo limita a vida útil a 200 horas a 100-600 kW de operação [Fabry 2013].

Os sistemas de plasma AC multifásicos podem ser operados com transformadores simples e "baratos", reduzindo significativamente os custos de capital e aumentando a fiabilidade e a escalabilidade. Nos sistemas de plasma AC multifásicos, vários arcos podem coexistir num volume maior da câmara de descarga, criando uma grande zona de funcionamento [Ravary

1997]. Como resultado, a temperatura média do plasma pode ser inferior à dos sistemas de corrente contínua, aumentando a eficiência electrotérmica global através da redução das perdas térmicas. Dependendo das condições de funcionamento e da conceção da tocha, os sistemas de plasma AC multifásicos podem funcionar em modos restritos ou difusos. A transferência por convecção no interior do plasma pode ser reforçada pelo forte movimento do arco resultante da alternância da corrente entre as fases e das forças MHD induzidas que ocorrem ao longo dos arcos. Um campo magnético externo pode controlar o movimento do ponto do arco para limitar a erosão ou o alongamento do arco para controlar a potência do arco. Nos sistemas de plasma AC multifásicos, cada elétrodo actua simultaneamente e sucessivamente como cátodo e ânodo, o que conduz a um modo de funcionamento mais simétrico do que nos sistemas DC e à redução da erosão dos eléctrodos a uma corrente constante. Os sistemas de plasma AC podem utilizar diferentes materiais de eléctrodos: cobre, tungsténio, grafite, aço inoxidável, molibdénio e alumínio, que podem ser arrefecidos a água ou consumíveis.

Para muitas aplicações em que a erosão e a contaminação do material catódico podem não ser aceitáveis, foram desenvolvidas as tochas de plasma indutivo RF sem eléctrodos [Reed 1961]. O gás frio injetado no plasma extrai energia, aquece e é ejectado como um jato de plasma. O fluxo é tangencial, o que cria um vórtice com baixa pressão perto do eixo. Isto serve para afastar o plasma das paredes. No entanto, as tochas de plasma de indução têm uma baixa eficiência de acoplamento da potência de RF no plasma. As eficiências típicas são da ordem dos 40-50 por cento e podem cair significativamente com potências elevadas [Fauchais 1997]. A Applied Plasma Technologies [APT 2017] trabalhou no desenvolvimento de tochas de plasma híbridas RF + DC de alta potência [Matveev 2009] com boa eficiência energética (entre 80 % e 95 %) para uma potência de 150 kW.

As micro-ondas são também utilizadas para alimentar tochas de plasma [Woskov 1996]. A vantagem é que a potência de micro-ondas de 2,45 GHz de fontes de magnetrões disponíveis no mercado é muito mais barata (tipicamente $1/watt) do que a potência de RF. Tanto as tochas de plasma de RF como as de micro-ondas produzem jactos de plasma com temperaturas mais baixas do que as obtidas com as tochas de eléctrodos.

As fontes de plasma térmico oferecem vantagens únicas em aplicações de processamento de materiais [Jones 1993]. Os sistemas de plasma permitem um controlo independente da química devido à escolha do ambiente de reatividade. A energia fornecida através do plasma injetado pode ser ajustada independentemente do poder calorífico do material tratado e é independente do potencial de oxigénio, tornando a pluma de plasma mais versátil do que uma chama de combustão. O ambiente oxidante, redutor ou inerte pode ser criado à vontade [John 2005]. A energia fornecida ao sistema é independente da taxa de alimentação e da potência e pode ser controlada de forma autónoma. A condutividade eléctrica dos materiais não limita a potência de entrada. Isto permite uma maior liberdade de escolha no que diz respeito aos materiais a processar, sem ter de considerar as suas características eléctricas. A natureza de não-equilíbrio do plasma implica diferenciais de temperatura muito grandes entre o plasma e a parede dentro de dimensões de bainha de milímetros. Taxas de arrefecimento de alguns milhões de graus por cm são comuns nos reactores de plasma. As fontes de plasma térmico, quando aplicadas à gaseificação, superam a gaseificação autotérmica convencional [Boulos 1996], em termos de rendimento do material, pureza do gás de síntese, eficiência energética, resposta dinâmica, compacidade e flexibilidade.

5.2 Gaseificação e pirólise

O processo de gaseificação foi descoberto em 1699 por Dean Clayton [Knoef 2005]. A gaseificação surgiu no final do século XIX e foi desenvolvida na Europa, principalmente para converter carvão em petróleo e gás [Kristoferson 2013]. Com a descoberta do Processo Fischer Tropsch em 1923 [Fischer & Tropsch 1926], tornou-se possível converter carvão em combustível líquido. Com a disponibilidade de petróleo, o uso de gaseificadores diminuiu. Nas décadas de 1970 e 1980, iniciou-se o uso da gaseificação para a produção de combustíveis sintéticos, que, atualmente, é o maior uso da gaseificação. Na década de 1980, os EUA, a Europa e o Japão também iniciaram o desenvolvimento da gaseificação para o tratamento de resíduos. Atualmente, existem mais de 150 gaseificadores industriais em todo o mundo, utilizados principalmente para processar biomassa e carvão [Ducharme 2010].

Na pirólise, o material carbonoso é desintegrado pelo calor em fragmentos de compostos num ambiente pobre em oxigénio (Fig.23). A pirólise a baixa temperatura é conhecida como "pirólise lenta" e converte o carbono em carvão vegetal. medida que a temperatura do processo aumenta, dá-se a "pirólise rápida" e o produto pode tornar-se líquido ou gasoso. Os resíduos carbonáceos produzem um gás combustível contendo CO e H_2 , com um valor de aquecimento de um quarto a um terço do gás natural. Os produtos gasosos formados durante a pirólise dos resíduos orgânicos são o hidrogénio, o monóxido de carbono, o dióxido de carbono, o metano, os hidrocarbonetos C_2 como o etano, o acetileno e o etileno, C_3 : propano e propileno, C_4 : iso-butano, n-butano, butileno, butadieno, C_5 , C_6 : hexano, hidrocarbonetos aromáticos como o benzeno, fuligem e alguns produtos oleosos. A composição química é congelada no final da pirólise por arrefecimento rápido a menos de $100°$ C, o que evita a formação de dioxinas e furanos. A alta temperatura e a alta entalpia inibem a formação de hidrocarbonetos. A gaseificação é uma variante da pirólise obtida em condições de oxidação parcial, suficientes para manter o calor, mas restringindo o fornecimento de oxigénio para inibir a combustão por chama.

As tecnologias de plasma têm sido aplicadas com sucesso nas indústrias metalúrgica e química há muitos anos. Os resíduos inorgânicos de baixo poder calorífico ou os resíduos líquidos e lamas, que seriam difíceis de processar por outros tipos de tecnologia térmica, podem ser tratados com plasma. Pode ser prático em escalas mais pequenas do que muitas outras abordagens competitivas. Estão disponíveis várias variantes, entre as quais pode ser escolhida uma configuração específica para satisfazer requisitos particulares de projectos específicos. Os resíduos sólidos são vítreos e não cinzas, o que torna a reutilização ou eliminação menos difícil. Espera-se que as altas temperaturas do plasma resultem numa destruição mais completa dos resíduos do que os processos a temperaturas mais baixas. Considera-se que estes sistemas representam um menor risco para a saúde humana e têm um melhor desempenho ambiental. As elevadas temperaturas de funcionamento podem produzir um produto de gás de síntese mais limpo, essencial para uma maior exploração do valor dos recursos dos RSU através de uma maior recuperação de energia (utilizando motores a gás, turbinas a gás ou células de combustível) ou da produção de produtos químicos como combustíveis alternativos para o transporte rodoviário.

5.3 Sistemas de gaseificação por plasma

Os sistemas comerciais de pirólise e gaseificação são geralmente construídos à medida para satisfazer a grande diversidade de tipos, dimensões e quantidades de resíduos a processar (Fig. 24). Os resíduos brutos são introduzidos no sistema de gaseificação por um mecanismo de alimentação, concebido para introduzir os resíduos na região mais quente do vaso do reator e para minimizar a entrada de ar durante o carregamento. O vaso do reator é revestido com material refratário, pré-aquecido a um mínimo de aproximadamente 1100°C antes de se iniciar qualquer processamento. Embora a composição química dos resíduos determine a energia eléctrica necessária para os gaseificar, é necessário aproximadamente 1 MWh de energia eléctrica para processar uma tonelada de resíduos. As grandes instalações utilizam tipicamente 700 kW para processar a mesma quantidade [Columbia 2017]. As tochas de plasma estão disponíveis em tamanhos que variam de 50 kW a mais de 3 MW; permitindo a construção de sistemas de gaseificação por plasma de praticamente qualquer capacidade. A temperatura muito alta do plasma fornece uma zona de processamento ideal dentro do vaso do reator, através da qual todo o material residual de entrada é forçado a passar.

A localização das tochas de plasma no reator é determinada pelo teor orgânico dos resíduos a tratar. Para a gaseificação de resíduos com baixo teor orgânico, é necessário tratar os resíduos a alta temperatura, a fim de fundir a parte inorgânica. Os produtos obtidos são o gás de síntese da parte orgânica dos resíduos e as escórias da parte não orgânica dos resíduos. Neste caso, as tochas de plasma são colocadas no corpo do reator mais próximo do banho fundido, funcionando o banho como ânodo para as tochas de arco transferidas. No entanto, estas tecnologias são principalmente utilizadas para o tratamento de resíduos industriais como o amianto ou os resíduos radioactivos [Heberlein 2008]. No caso de resíduos ricos em matéria orgânica, não é necessário elevar a temperatura do reator acima dos 1800 K. A tocha de plasma é colocada à saída do reator, no percurso do fluxo do gás de síntese bruto, para converter o alcatrão no gás de síntese antes de este arrefecer, poupando energia.

A matéria particulada, que permanece em suspensão no gás do produto, é removida por um purificador Venturi. Um depurador húmido utiliza jactos de soda cáustica para a depuração de gases ácidos juntamente com quaisquer outras moléculas do fluxo de gás. O pH da água do purificador húmido é automaticamente monitorizado e controlado por um mecanismo de controlo do pH. Um purificador de leito embalado em contra-fluxo proporciona uma remoção adicional de gases ácidos. Um desembaciador remove as gotículas de humidade arrastadas no fluxo. O gás do produto, o arrefecimento da água da tocha e os subsistemas de água do purificador contêm calor sensível substancial, que pode ser recuperado.

O principal resíduo sólido na eliminação de RSU é uma escória vítrea resultante da fusão do componente inorgânico dos resíduos. A escória fundida é extraída da cuba do reator através de uma torneira ligada à cuba do reator. A escória é deixada a acumular-se no fundo da cuba até um nível pré-determinado, ditado pela quantidade de resíduos processados. A escória é um monólito silicometálico homogéneo, com níveis de toxicidade do lixiviado muito inferiores aos da regulamentação atual relativa aos aterros [Carabin & Gagnon 2007]. A escória tem ligações físicas e químicas estreitas e retém de forma eficaz os resíduos tóxicos como o cádmio, o chumbo, o cloro, etc., impedindo-os de serem lixiviados. A escória fundida pode ser utilizada para o fabrico de isolamento de lã de rocha ou pode ser convertida em lingotes vitrificados.

As características de emissão ambiental consistentemente baixas exibidas pela gaseificação por plasma indicam que esta pode ser utilizada como uma alternativa de tratamento de resíduos com melhorias substanciais no nível de emissão ambiental, tanto para as emissões atmosféricas como para a toxicidade dos lixiviados de escórias. As características das emissões atmosféricas indicam que as actuais normas de emissões atmosféricas são facilmente alcançadas e substancialmente melhoradas por um sistema operacional de gaseificação por plasma com um tubo de escape com menos de 20 pés de altura.

Os resultados de sobrevivência das bactérias indicam que nem mesmo os esporos mais resistentes ao calor conseguem sobreviver ao processo, mesmo com a população de desafio mais rigorosa. Resultados de eficiência de remoção de destruição (DRE) superiores a sete noves foram consistentemente alcançados com materiais de resíduos industriais perigosos altamente clorados [Plasco 2017b].

A produção de energia baseia-se numa turbina a vapor, accionada por uma caldeira bicombustível (gás produto mais GNL ou gasóleo). A heterogeneidade dos RSU, tanto em termos de teor de humidade como de valor calorífico variável, torna imperativo que o gás de síntese produzido seja complementado com gás natural para gerar uma produção de energia razoavelmente estável. A seleção de uma conceção específica pode ser influenciada por factores como o custo de capital projetado, o custo de manutenção projetado, a infraestrutura de manutenção disponível e a eficiência de conversão energética projectada. O fornecimento de combustível duplo na caldeira proporciona versatilidade para aumentar as quantidades de produção de energia conforme necessário.

5.4 Gaseificação vs Incineração

O papel do plasma térmico na gaseificação de resíduos é duplo: permite, por um lado, uma purificação significativa do gás limitando a produção de alcatrões e, por outro lado, produzindo um gás de síntese enriquecido em hidrogénio através da reação do vapor e do CO. O funcionamento a alta temperatura pode acelerar as reacções químicas que conduzem à síntese ou à degradação de espécies químicas em condições inalcançáveis pela combustão convencional [ver quadro 1].

A termoquímica da combustão não permite um controlo preciso da entalpia injectada no reator. O processo de plasma permite um controlo preciso da entalpia através da variação da potência eléctrica. Os produtos de dissociação, como o oxigénio atómico e os radicais hidroxilo, são altamente reactivos e contribuem para a conversão dos alcatrões em produtos mais seguros.

Em termos de impacto ambiental e de eficiência de conversão de energia, a gaseificação é superior à incineração [Waste 2017]. A incineração tem subprodutos como óxidos nitrosos e dioxinas, que passam pela chaminé, a menos que os gases de escape sejam depurados. A gaseificação, por outro lado, é um processo com baixo teor de oxigénio, formando menos óxidos. Uma vez que o objetivo dos sistemas de gaseificação é produzir um gás limpo utilizado em processos a jusante com uma química específica, isento de contaminantes como ácidos e partículas, a depuração é parte integrante da engenharia do sistema e não apenas uma obrigação legal.

Quadro I Comparação entre a incineração e a gaseificação por plasma

	Incineração	Gaseificação por plasma
Processo	Oxidante (oxidante superior ao estequiométrico, excesso de ar para uma combustão completa)	Redutor (oxidante menos do que estequiométrico) Oxidante limitado/controlado
Temperatura	850-1200 oC	1500-5000 oC
Gases produzidos / Produto energético	CO_2, $H_2 O$, calor residual que pode ser recuperado	CO, CO_2 , H_2 , $H_2 O$, CH_4 Calor residual do arrefecimento do gás de síntese que

Eficiência na recuperação de energia	Inferior resultante do excesso de ar que conduz a um maior desperdício de calor na chaminé	Maior valorização energética bruta resultante de uma decomposição até ao nível elementar
Flexibilidade de utilização de produto energético	Nenhum. Ou o calor é desperdiçado para a atmosfera ou deve ser utilizado para produzir vapor para acionar a turbina para a produção de eletricidade	Utilizar o gás de síntese para fazer funcionar turbinas a gás para produção de eletricidade ou utilizar o gás para outras utilizações comerciais
Emissões	Muito superior à gaseificação; são necessários controlos da poluição atmosférica	Menos do que a gaseificação e a incineração; o gás de síntese tem de ser limpo utilizando métodos de tratamento da poluição atmosférica
Resíduos	Cinzas, que devem ser tratadas como resíduos perigosos; cerca de 30% do volume original	Escória inerte; pode ser utilizada como enchimento (por exemplo, agregado rodoviário); 6% - 15% do volume original
Poluentes	PM, NOx, SOx, cinzas volantes, cinzas, volatilização de metais pesados	Níveis mais baixos de CO, NOx, alcatrão. Outros poluentes vitrificados nas escórias
Energia de entrada	Nenhum	Muito elevada (1200 - 1500 MJ/tonelada de resíduos); 15% - 20% da energia bruta produzida

As cinzas da incineradora, que são altamente tóxicas, são geralmente enterradas em aterros sanitários. As escórias são inertes; de facto, uma das principais utilizações das tochas de plasma tem sido a conversão das cinzas de incineração em escórias seguras. Os dados das instalações de processamento de materiais perigosos existentes mostram que estas cumprem bem as normas regulamentares [Moustakas et. al. 2008].

Os incineradores produzem vapor para acionar uma turbina a vapor para produzir eletricidade. Os sistemas de gaseificação podem utilizar turbinas a gás muito mais eficientes, nomeadamente quando configurados em modo de ciclo combinado de gaseificação integrada (IGCC). Com base nestes desempenhos, um gaseificador de plasma associado a uma central eléctrica de ciclo combinado com turbina a gás pode atingir uma eficiência de até 46,2% [Rutberg 2011].

O impacto da gaseificação por plasma no carbono é considerado negativo, especialmente se se tiver em conta a potencial emissão de metano dos aterros sanitários [Dodge 2008]. A gaseificação é também uma tecnologia importante para a separação do carbono. O hidrogénio separa-se facilmente do monóxido de carbono, permitindo a utilização do hidrogénio e a fixação do carbono. A gaseificação, através dos seus projectos de carvão limpo, foi identificada pelo Departamento de Energia dos EUA como uma ferramenta essencial para permitir a captura de carbono [Dodge 2008].

5.5 Questões tecnológicas no tratamento por plasma de RSU

Há uma série de questões pertinentes no contexto da adequação dos processos de plasma para o tratamento de grandes volumes de resíduos sólidos urbanos. Como o arco de plasma é uma fonte de calor relativamente localizada, a dispersão de temperaturas elevadas em grandes volumes de resíduos pode constituir um desafio significativo para os grandes reactores. O aumento de escala para o tratamento de maiores volumes de resíduos (com as necessidades associadas de maior transferência de calor) envolve um risco técnico potencialmente significativo. Uma opção de projeto é a utilização de várias tochas de plasma para que o calor seja melhor distribuído através de grandes recipientes de conversão de resíduos. Mas a necessidade de tochas múltiplas pode constituir um obstáculo de alto custo para abordagens altamente modulares.

A natureza heterogénea dos RSU é outra questão. As variações no tipo e na composição dos resíduos, bem como na dimensão e nas características da carga de alimentação, podem afetar a viabilidade do processo e, por conseguinte, influenciar a sua conceção. Embora os processos de plasma tenham demonstrado que podem processar materiais de várias dimensões, mesmo grandes tambores selados, o funcionamento tem sido, até à data, principalmente numa base descontínua, em que as taxas de transferência de calor e o tempo de permanência não são tão críticos como no funcionamento contínuo necessário para o processamento de grandes volumes de RSU. A dimensão das partículas de resíduos de entrada é significativa: quanto menor for a dimensão, maior será a taxa de transferência de calor. As taxas de transferência de calor determinam o grau de volatilização dos resíduos sólidos e, consequentemente, a composição dos gases.

Os projectos convencionais de gaseificação mostraram que a convecção de alcatrão e partículas [Akudo 2008] pode ser um problema significativo e dispendioso, particularmente quando o processo é concebido para recuperar o gás de síntese para utilização como matéria-prima química ou como vetor energético. As limitações de temperatura do reator de plasma e as capacidades do equipamento a jusante são dois factores que terão de ser considerados para determinar a gama de consumos caloríficos que podem ser processados numa determinada instalação. Além disso, quanto mais baixo for o CV, menor será a energia produzida por tonelada de matéria-prima, o que tem um impacto direto na economia da instalação. A gaseificação por plasma permite o tratamento de resíduos com elevado teor de humidade, em comparação com outras tecnologias térmicas. No entanto, um teor de humidade excessivo nos resíduos de entrada exige obviamente um maior consumo de energia devido à perda significativa de calor na evaporação da água. Os resíduos com baixo CV podem não ser um problema para o plasma. De facto, o teor de cinzas inorgânicas dos resíduos pode ajudar a manter a formação de escórias estável e eficaz.

As tochas de plasma têm problemas relacionados com a sua falta de robustez e fiabilidade. Os custos de equipamento e de funcionamento são relativamente elevados devido às exigências de manutenção, ao curto tempo de vida dos eléctrodos (300 h a 500 h) [Fabry 2013] e à eletrónica sensível. As tochas de corrente alternada poderiam ser uma alternativa para reduzir os custos. Para o sucesso da comercialização dos processos de gaseificação de resíduos para energia baseados em plasma térmico, será obrigatório superar esses obstáculos.

As tochas de plasma com eléctrodos de grafite não necessitam de arrefecimento a água, o que as torna mais eficientes em termos energéticos, menos complexas e mais fiáveis, podendo ser uma solução para os problemas de fiabilidade e custos de equipamento/operação para o desenvolvimento da gaseificação por plasma à escala industrial.

5.6 Comercialização: Situação atual e obstáculos

Embora a gaseificação por plasma seja aclamada como "a tecnologia" para resolver o problema da conversão de resíduos em eletricidade sem incineração, não existem instalações de grande escala que utilizem esta tecnologia em funcionamento. As autoridades da Europa, da América do Norte e da Ásia estão a considerar instalações com capacidades que podem atingir 1 milhão de toneladas por ano; foram anunciados planos para o processamento de resíduos clínicos; pneus; resíduos perigosos, incluindo munições usadas; resíduos de bordo de navios de guerra e de cruzeiros; e a fusão de cinzas de incineração para produzir, em alguns países, um produto para reciclagem em aplicações de construção. As vozes conservadoras do sector da gestão de resíduos afirmam que a utilização do plasma para o processamento em grande escala de resíduos convencionais não está comprovada e é de economia duvidosa [Pourali 2010].

O custo parece ser um grande obstáculo à comercialização. De acordo com um estudo da Universidade de Columbia, os custos de capital das instalações de produção de energia a partir de resíduos assistidas por plasma são mais elevados do que os da instalação tradicional de recuperação de resíduos sólidos urbanos, devido principalmente ao custo das tochas de plasma [Ducharme 2010]. O custo de capital de 76,8 dólares por tonelada de RSU processado é superior ao custo de capital estimado de 60 dólares/tonelada para uma central de recuperação de resíduos sólidos por combustão em grelha. Os custos de capital do processo Plasco foram estimados em \$86/ton. com base nos dados da sua instalação piloto [Ducharme 2010].

A Advanced Plasma Power (APP) e a Tetronics colaboram no desenvolvimento e comercialização de instalações WTE de gaseificação por plasma com base na tecnologia de tocha DC transferida [APP 2017]. Para a Westinghouse e a Europlasma, a sua estratégia é diferente, uma vez que ambas desenvolveram um processo WTE de gaseificação por plasma baseado na sua própria tecnologia de tocha DC. Comercializam instalações chave-na-mão através de filiais (Alter NRG para a Westinghouse e CHO-Power para a Europlasma, respetivamente) [Alter NRG 2017, CHO 2017]. Em paralelo com estes desenvolvimentos de instalações industriais de gaseificação por plasma WTE, algumas empresas também desenvolvem as suas próprias instalações com base nas tochas DC da Westinghouse, Europlasma ou PSC [Shah 2017] (tais como Plasma Arc Technologies [PlasmaArc 2017], Plasco Energy Group [Plasco 2017], Enersol Technologies [Enersol 2017] ou em tochas caseiras [PEAT 2017], InEnTec [InEnTec 2017], Pyrogenesis [Pyro 2017].

Embora os sistemas baseados em plasma para o tratamento de resíduos perigosos tenham sido um grande êxito, a adaptação da tecnologia ao tratamento de RSU tem tido muitos problemas. O processo Westinghouse é considerado o mais avançado. A AlterNRG é uma empresa canadiana, com sede em Calgary, que adquiriu a Westinghouse Plasma Corporation (WPC) em 2007 [Alter 2017]. A empresa está a oferecer o seu processo de gaseificação por plasma para aplicações de RSU/RDF com produção de energia em ciclo de vapor convencional e está também a tentar desenvolver um processo IGCC com limpeza de gás de síntese e produção direta de eletricidade com turbinas. O coração do processo é a cúpula WPC, que é um forno de eixo vertical de um tipo convencionalmente utilizado na indústria de fundição para a refusão de sucata de ferro e aço. É criado um leito de coque dentro da cúpula utilizando coque metalúrgico para absorver e reter a energia térmica das tochas de plasma e proporcionar o ambiente para a fusão dos inorgânicos (metal e conteúdo mineral dos resíduos). A pluma de plasma não incide diretamente sobre os resíduos, mas é utilizada para fornecer as temperaturas elevadas exigidas pela cúpula, depositando calor no reator, complementado pelo calor libertado pelo consumo lento do coque metalúrgico [Juniper 2008].

A Plasco é uma empresa canadiana de conversão de resíduos e de produção de energia que foi criada em 2005 através de uma fusão com a Resorption Limited [Plasco 2017a]. As principais actividades da empresa situam-se na América do Norte, mas a empresa formou uma aliança estratégica com a Hera Holdings, uma grande empresa espanhola de gestão de resíduos, para o mercado europeu. Uma instalação de demonstração de 100 tpd tem estado a funcionar de forma intermitente desde o verão de 2007 em Otava, no Canadá. A empresa anunciou planos para uma instalação de gaseificação por plasma de 150 000 tpa em Otava, que processará os resíduos da cidade [Plasco 2017b]. Anunciou também mais três projectos no Canadá, no Japão e nas Bahamas. A instalação da Plasco Trail Road (Fig.25) é operada em regime de campanha, o que permite a realização de modificações.

A Advanced Plasma Power Limited [APP 2017b] é uma empresa britânica de valorização energética de resíduos, fundada em novembro de 2005 para comercializar a tecnologia originalmente desenvolvida pela Tetronics Ltd. A tecnologia consiste numa combinação de um gaseificador de leito fluidizado e um arco de plasma numa câmara secundária, criando um gás de síntese que a empresa afirma ser suficientemente limpo para alimentar diretamente os motores a gás. O processo APP tem um gaseificador de leito fluidizado onde o combustível sólido recuperado é gaseificado e o gás de síntese bruto é subsequentemente tratado por plasma para quebrar o alcatrão e produzir um gás de síntese reformado composto principalmente por monóxido de carbono e hidrogénio [Whiting 2013]. O processo foi amplamente testado e comprovado nas instalações da APP em Swindon [APP 2017a]. Ainda não foi construída nenhuma instalação comercial e não existem dados de fiabilidade ou disponibilidade. A empresa anunciou um projeto na Bélgica, em parceria com uma empresa belga de gestão de resíduos, para explorar um aterro sanitário existente e converter o material removido em Plasmarok e eletricidade.

A Environmental Energy Resources (EER) construiu uma instalação de demonstração de 12 a 20 tpd de RSU em Israel com tochas de plasma de outro fornecedor e esta instalação tem efectuado ensaios contínuos. O seu processo, Plasma Gasification Melting (PGM), é um processo de gaseificação assistido por plasma a alta temperatura. A tecnologia é um derivado da desenvolvida na Rússia pelo Instituto Kurchatov e pela SIA Radon para a destruição de resíduos radioactivos de baixo nível (LLRW). A EER, criada em 2000, trabalhou com os seus homólogos russos para desenvolver o projeto e construir uma instalação de demonstração no aterro sanitário de Yblin, em Israel, situado na região densamente povoada de Haifa.

A Europlasma é especializada na utilização da tecnologia de plasma para aplicações industriais, nomeadamente para a destruição de resíduos perigosos. A Europlasma vendeu instalações para fusão e vitrificação de cinzas em instalações de incineração de RSU em França e no Japão. Também construiu e explorou uma unidade de destruição de resíduos de amianto em Morcenx, França. O seu processo inclui uma fase de gaseificação primária baseada num sistema de grelha móvel a partir do qual é produzido gás de síntese que passa através de um reator de polimento por plasma onde as condições de alta temperatura e sem oxigénio "quebram" as moléculas de maior peso molecular e quaisquer hidrocarbonetos líquidos presentes para produzir um gás de síntese limpo composto por CO, H_2 e vestígios de CH_4.

O Plasma Enhanced Melter (PEM) da InEnTec baseia-se numa extensa investigação do Massachusetts Institute of Technology (MIT) e do Battelle Pacific Northwest National Laboratory (PNNL) sobre o tratamento de resíduos radioactivos nas instalações do

Departamento de Energia dos Estados Unidos. O sistema confirmou o interesse básico dos plasmas para o tratamento de misturas de resíduos radioactivos e perigosos e da utilização de um sistema arco-plasma de eléctrodos de grafite para o tratamento desses resíduos. Nos EUA e no Japão, estão a funcionar comercialmente instalações de 4-10 tpd para o tratamento de resíduos médicos e industriais. A S4 Energy Solutions LLC, fundada em 2009 como uma empresa comum entre a InEnTec e a Waste Management Inc., concebeu e construiu uma instalação de tratamento de resíduos utilizando o processo de gaseificação por plasma em duas fases da InEnTec.

O Japão foi pioneiro na gaseificação por plasma, com três instalações em funcionamento. Uma fábrica-piloto de 166 toneladas por dia, instalada em 1990 em Yoshi, foi desenvolvida em conjunto pela Hitachi Metals Ltd. e pela Westinghouse Plasma Corp [Willis 2010]. As instalações de Yoshii, Utashinai e Mihama-Mikata foram construídas pela Hitachi Metals sob licença da WPC para o processamento de RSU e ASR36.

Na Europa, algumas instalações estão a funcionar, todas com uma escala de 130 toneladas por dia [Ducharme 2010]. A Europlasma construiu a sua primeira instalação comercial em Morcenx, perto de Lyon, França [Europlasma 2012], para tratar 37 000 tpa de resíduos industriais locais e 15 000 tpa de aparas de madeira. A central foi concebida para produzir 12 MWe de eletricidade a exportar para a rede e 18 MWth de calor que alimentará um secador de aparas de madeira. Está a ser construída em Roma uma fábrica para tratar 336 TPD. No entanto, as centrais de pequena escala estão também a tornar-se viáveis. No condado de Melhus, perto de Trondheim, na Noruega, foi planeada uma central de cogeração de pequena escala em conjunto com uma rede local de aquecimento urbano [Bakken 2001]. A central é alimentada por 5000 toneladas de RSU por ano e fornecerá 17 GWh/ano de calor ao sistema de aquecimento urbano e 6 GWh/ano de eletricidade à rede local.

Na China, em 2013, a Wuhan Kaida concluiu com êxito uma instalação de demonstração. Atualmente, processa 100 toneladas de biomassa por dia e produz gás de síntese. A fábrica em Wuhan processa especificamente resíduos de madeira, um dos principais contribuintes para a poluição do ar. A Wuhan Kaida, na China, acrescentou recentemente um projeto em Nanjing, na China, para processar 500 toneladas de resíduos por dia [Wuhan 2017]. Na Índia, a primeira instalação de gaseificação por plasma foi construída em Pune [Alter 2017a]. Produz atualmente 1,6 MW/dia e tem uma capacidade para 72 toneladas. A rentabilidade da instalação em Pune deve-se à sua capacidade de processar muitos tipos diferentes de resíduos. A cidade em redor gera 1500-1600 toneladas de resíduos todos os dias.

5.7 Perspectivas futuras

Este é um mercado em crescimento e a eficiência da gaseificação de resíduos por plasma parece estar validada, mas a viabilidade económica desta tecnologia tem de ser provada antes de ser aceite pela indústria. Atualmente, a forte expansão no mundo de numerosas instalações de gaseificação por plasma (projectos e instalações operacionais) mostra claramente que o primeiro passo foi dado e que a gaseificação por plasma desempenhará um papel significativo no domínio das energias renováveis.

Tal como acontece com a energia nuclear, existe uma desinformação generalizada relativamente à tecnologia de Pirólise de Plasma. Para o público, a gaseificação por plasma e a incineração são sinónimos, e os males da incineração tornaram-se a bagagem da gaseificação. As empresas promotoras têm um papel importante na educação do público sobre os benefícios da gaseificação por plasma, fazendo lobby junto de funcionários governamentais, criando campanhas de marketing, iniciando esforços de base, promovendo sinergias entre infra-estruturas e empresas, etc. [McGillivary 2017]

A utilização do plasma no tratamento de resíduos tem exercido um fascínio desde há muitos anos, devido à capacidade do plasma para vaporizar e atomizar qualquer material. A gaseificação assistida por plasma está a ser cada vez mais encarada como uma possibilidade no domínio da valorização energética dos resíduos, embora a opinião pública pareça ser tão adversa como a da combustão clássica em grelha. A perceção generalizada sobre a sua falta de fiabilidade [Herberlein & Murphy 2008] foi criada por afirmações exageradas de alguns profissionais, que subestimaram ingenuamente as dificuldades de aumentar a escala de uma demonstração laboratorial para uma instalação de tratamento completa. Os processos de plasma têm carregado uma bagagem de ideias erradas e têm sido considerados complexos, dispendiosos e arriscados de implementar. Questões como o tempo de vida finito dos eléctrodos e a elevada necessidade de energia têm sido consideradas como obstáculos importantes à comercialização da tecnologia para aplicações em grande escala. Por outro lado, um grande número de instalações de tratamento de resíduos por plasma está atualmente em funcionamento há muitos anos. Considera-se que uma utilização cautelosa e conservadora dos plasmas oferece vantagens distintas no tratamento de resíduos. Outra mudança de paradigma é a perceção de que os fluxos de resíduos podem ser um recurso energético [Heberlein 2008], e que os plasmas podem ser a ferramenta para explorar este recurso através de processos de gaseificação controlados. Este facto aumentou ainda mais o número de desenvolvimentos de aplicações de plasma.

Capítulo 6

6. Processos de plasma para descarbonização de combustíveis

Os ambientalistas sonham com fontes de energia renováveis que substituam completamente os combustíveis fósseis poluentes. Amory Lovins previu em 1976 que, no ano 2000, um terço da energia da América seria proveniente de fontes renováveis dispersas. Al Gore afirmou em 2008 que a passagem para as energias renováveis no espaço de uma década seria "exequível, acessível e transformadora". "A Path to Sustainable Energy by 2030", escrito por Mark Jacobson e Mark Delucchi na edição de novembro de 2009 da Scientific American, apresentou um plano para a conversão total do fornecimento global de energia para as energias renováveis em duas décadas [Smil
2014] .

A realidade, infelizmente, é outra. De 1990 a 2015, a quota mundial de energia proveniente de combustíveis fósseis quase não se alterou, passando de 88 para 86%. Em 2015, as energias renováveis geraram menos de 10% da energia mundial. Projeção da Agência Internacional da Energia no World Energy Outlook [AIE
2015] sugere que, mesmo em 2050, metade do abastecimento total de energia continuará a provir de combustíveis fósseis (Fig.26).

É óbvio que, num futuro previsível, os nossos recursos energéticos continuarão a basear-se em combustíveis de hidrocarbonetos derivados de fósseis. Os combustíveis fósseis permanecem tão enraizados no sistema energético por várias razões [Fulkerson et al. 1990]. Em primeiro lugar, estão acessíveis, de uma forma ou de outra, em quase todas as regiões do mundo. Em segundo lugar, são tão versáteis que os adaptámos para fornecer energia a inúmeras aplicações de extrema variedade. Como combustível de transporte, são únicos devido à sua portabilidade e alta densidade de energia química.

O dióxido de carbono libertado pela combustão de combustíveis fósseis é responsável por cerca de 57% de todas as emissões antropogénicas de gases com efeito de estufa [EPA 2017]. As estimativas do Centro de Análise de Informações sobre Dióxido de Carbono (CDIAC) em 2013 indicam que aproximadamente 36 triliões de toneladas métricas de dióxido de carbono (CO_2) foram emitidas globalmente para a atmosfera. A acumulação ao longo dos anos aproxima-se atualmente de 1 Tt na atmosfera (Mikkelsen et al. 2010). 41% das emissões estão associadas à produção de eletricidade. As grandes emissões de CO_2 têm sido correlacionadas com tendências de aquecimento global que têm muitas consequências em todo o mundo (Fig. 27). A retração dos glaciares, a acidificação dos oceanos e o aumento da gravidade dos fenómenos meteorológicos são algumas delas. A utilização de combustíveis fósseis entra assim em conflito com a sustentabilidade do nosso planeta. A exigência de manter o aumento da temperatura limitado a 2^0 Celsius até 2050 impõe um limite máximo à quantidade de CO2 que pode ser emitida. Este facto, por sua vez, implica que, dos depósitos de combustíveis fósseis disponíveis, apenas um terço poderia ser utilizado em função desta limitação.

O carvão, que representa 40% da produção mundial de eletricidade, é um exemplo representativo. A abundância de carvão assegura um aprovisionamento ininterrupto a preços razoavelmente estáveis durante longos períodos de tempo. Desempenhará um papel cada vez mais importante não só na produção de eletricidade, mas também na indústria química e na produção de combustíveis líquidos (gasolina, gasóleo, etc.). A BP Statistical Review of World Energy 2016 [BP 2016] apresenta as reservas comprovadas de combustíveis fósseis em milhares de milhões de equivalente de petróleo, com um número de anos de produção restante baseado na produção estimada em 2013.

6.1 Descarbonização

O vilão do problema energético e ambiental é o carbono contido nos combustíveis. Historicamente, os combustíveis fósseis têm vindo a perder o seu teor de carbono. No século XIX, a principal fonte de energia era a madeira, que libertava dez moléculas de CO_2 por cada molécula de hidrogénio queimada. O carvão tem menos átomos de carbono por cada H. Os combustíveis líquidos têm ainda menos: dois H por cada C, como no querosene ou no combustível de avião. O metano, o gás natural típico, é rico em hidrogénio, com 4 H por cada C [Ausubel 2000].

A redução da intensidade de carbono na utilização de energia é chamada de descarbonização. Historicamente, o mundo tem vindo a seguir um caminho constante de descarbonização, impulsionado pela preferência por uma maior densidade energética e uma portabilidade mais fácil (Fig.28). Este caminho termina naturalmente num sistema energético baseado no hidrogénio como combustível. O hidrogénio tem potencial para resolver muitos aspectos do problema energético, especialmente no que diz respeito aos transportes. O hidrogénio pode ser utilizado em células de combustível para produzir eletricidade ou em reacções de combustão para produzir calor.

Um dos desafios climáticos é a redução das emissões de dióxido de carbono. As vias para a descarbonização do combustível são:

1: Gaseificação do carvão.
2: Redução do teor de carbono antes da combustão.
3: Sequestro de CO_2 em armadilhas de longa duração
4: Converter o CO_2 em formas utilizáveis.

Examinaremos agora o papel emergente das técnicas baseadas em plasma nestas abordagens à descarbonização. Desde o início da década de 1990, as tecnologias baseadas no plasma têm sido aplicadas ao fabrico de hidrogénio através da reforma de hidrocarbonetos [Chen et al. 2008]. Nas últimas décadas, foram realizados vários estudos sobre a produção de hidrogénio iniciada por plasma como catalisador, tanto em condições de equilíbrio como de não-equilíbrio [Mutaf-yardimci et al. 1998; Glvotov et al. 1980; Chaffin et al. 2006]. Verificou-se que os processos assistidos por plasma são energeticamente mais atractivos em comparação com os métodos de dissociação convencionais activados por grandes quantidades de calor ou eletricidade.

6.2 Gaseificação do carvão

A descarbonização dos combustíveis sólidos é conseguida através da gaseificação. A primeira etapa da gaseificação de materiais ricos em hidrocarbonetos é a pirólise, que decompõe a matéria-prima em produtos gasosos e líquidos, deixando o carbono sólido [Littlewood 1977]. O vapor pode gaseificar o carbono sólido numa reação endotérmica, formando gás de síntese, uma mistura de monóxido de carbono e hidrogénio. O processo é:

$$C + H_2O > CO + H_2 + 131,0 kJ/kmol.$$

O carbono sólido também pode ser gaseificado restringindo o fornecimento de oxigénio à reação, produzindo monóxido de carbono (CO). Para aumentar ainda mais a produção de hidrogénio, é introduzido vapor a alta temperatura no processo, que reage com o monóxido de carbono, como descrito abaixo:

$$CO + H_2O > H_2 + CO_2 - 41,0 kJ/kmol.$$

A gaseificação induzida por vapor a temperaturas mais elevadas (T > 1200K) aumenta a proporção de hidrocarbonetos mais leves. Isto torna o plasma de vapor mais adequado, uma vez que o vapor também se decompõe em radicais H e OH altamente reactivos a temperaturas superiores a 6000 K. A gaseificação por plasma de vapor a uma temperatura suficientemente elevada e com uma quantidade de vapor adequada produz apenas CO e H_2 .

Na gaseificação por plasma, as partículas de carvão de 50-100 mícrones são fragmentadas por choque térmico em partículas de 5-10 mícrones e depois volatilizadas em CO, CO_2 , H_2 , N_2 , CH_4 , C H_{66} etc. Obtém-se assim um gás de síntese puro, que pode ser uma matéria-prima para a produção de hidrogénio, metanol ou éter dimetílico. Também pode ser utilizado como um agente redutor altamente eficiente na metalurgia. A gaseificação por plasma está a ser desenvolvida por várias empresas industriais e centros de investigação [Messerle 2014]. O processo tem uma elevada eficiência de conversão para diferentes tipos de carvão, incluindo os de baixa qualidade, um controlo relativamente simples do processo e uma redução significativa das emissões de enxofre e de óxidos de azoto.

O trabalho no FCIPT consiste em estabelecer dados e uma base de projeto para a pirólise por plasma do carvão indiano [Jain 2014]. O teor de cinzas é significativamente elevado no carvão indiano e, por conseguinte, o valor calorífico é baixo em comparação com outros carvões. Para a produção de uma unidade de energia eléctrica, são necessários 720 g de carvão indiano, ao passo que são necessários apenas 360 g de carvão de outros países. A tocha de plasma de vapor de micro-ondas foi desenvolvida no FCIPT (Fig.29). Trata-se de uma descarga de plasma accionada por micro-ondas à pressão atmosférica, que utiliza vapor como gás de trabalho. O plasma de micro-ondas tem uma temperatura eletrónica mais elevada e, por conseguinte, oferece uma taxa mais elevada de dissociação e ionização do gás de trabalho. A tocha consiste num magnetrão de micro-ondas de 2,45 GHz com uma potência de saída até 5 kW, acoplado através de um ressonador de guia de ondas cónico ao tubo de quartzo, onde o vapor a alta temperatura é descarregado num turbilhão por um bloco de grafite ou de aço, para criar um fluxo de vórtice no tubo de descarga.

As actividades no Canadá e na Noruega são dignas de nota no desenvolvimento tecnológico da gaseificação por plasma. A Resorption Canada Limited (RCL) é uma entidade privada canadiana que desenvolve e comercializa processos industriais baseados na tecnologia de arco de plasma. A empresa acumulou uma vasta experiência operacional nesta tecnologia, abrangendo uma grande variedade de materiais de entrada, incluindo materiais e recursos ambientais, biomédicos e relacionados com a energia.

6.3 Reforma de combustível por plasma

A reforma de combustíveis refere-se a processos que conduzem a uma redução da intensidade de carbono em combustíveis gasosos e líquidos. Na reforma convencional do metano, a reforma catalítica a vapor (CH $+H_{42}$ O = CO+3H_2 -49 kcal/mol) e a oxidação parcial catalítica (CH_4 +1/2$0_2$ = CO+2H_2 +9 kcal/mol) e a sua combinação com a reforma térmica automática são as vias mais populares (Fig. 30). No entanto, estas reacções não são atractivas como estratégia de redução do carbono. Apesar de o metano conter o mínimo de carbono entre todos os hidrocarbonetos, a reforma do metano através destas vias produz 4 toneladas de CO_2 por cada tonelada de hidrogénio [Bromberg 1999]. A reforma do CH_4 utilizando o CO_2 como oxidante foi explorada por Fischer e Tropsch em 1928 [Fischer 1928]. O maior obstáculo à transferência do processo de reforma catalítica do CH $-CO_{42}$ do laboratório para a escala industrial é a deposição de carbono na superfície do catalisador, que conduz à desativação dos catalisadores. Entre todas estas reacções, a reforma a seco é a menos favorável do ponto de vista termodinâmico. No entanto, tem a vantagem de eliminar o dióxido de carbono, utilizando-o como agente oxidante.

A reforma do CH $-CO_{42}$ é uma reação altamente endotérmica, o que pode explicar por que razão estas técnicas ainda não foram comercializadas na prática. A reforma do CH $-CO_{42}$ pelo plasma torna-se mais atractiva, uma vez que permite poupar metade do metano necessário para obter a mesma quantidade de CO, em comparação com a reforma a vapor e a oxidação parcial, uma vez que o CO_2 é também uma fonte de carbono no processo de reforma. Embora a reforma CH -CO_{42} resulte numa relação H_2 /CO igual à unidade, a relação H_2 /CO pode ser controlada com relativa facilidade ajustando a relação CH /CO_{42} na alimentação.

A reforma do CH -CO_{42} pelo plasma foi demonstrada pela primeira vez num plasma de arco em 1986 [Fridman 1998]. O processo é conduzido por uma química induzida por electrões associada a reacções termoquímicas e pode obter conversões e seletividade elevadas sem um catalisador. Para obter 1 mol de CO na reforma do CH -CO_{42} pelo processo de plasma, gasta-se 1 mol de metano sem libertar CO_2 , ao passo que na reforma a vapor do CH_4 , gasta-se 1,33 mol de metano e liberta-se 0,33 mol de CO2. Tanto a dissociação por impacto de electrões como a excitação vibracional podem estar envolvidas. Esta última é mais eficaz na conversão de CH_4 ou CO_2 porque a energia do eletrão necessária neste caso é inferior à da dissociação direta. Para o plasma com uma temperatura de electrões de alguns eV, o canal de processo preferido é a excitação vibracional [Rusanov 1981], uma vez que o número de electrões para tal é muito superior ao necessário para induzir a dissociação direta.

Foram também testados vários tipos de plasmas frios na reforma do CH -CO_{42} . A DBD sem calor assistido não pode fornecer uma temperatura de gás suficiente para a atividade catalítica [Jiang 2002]. A descarga de micro-ondas à pressão atmosférica [Cho 2004] apresenta conversões e seletividade mais elevadas, maior capacidade de tratamento, bem como maior eficiência energética, talvez devido ao seu maior espaço de descarga e melhor uniformidade. A reação química no plasma de micro-ondas é induzida por electrões energéticos e pela elevada temperatura do gás. O jato de plasma APGD e o plasma térmico têm o grau de ionização mais elevado e a temperatura adequada dos electrões, bem como a temperatura elevada do gás, pelo que a reforma do CH -CO_{42} por eles apresenta uma melhor eficiência de conversão de energia e energia específica. Comparando-os, os processos de plasma térmico têm uma elevada eficiência de conversão de energia, energia específica, grande capacidade de tratamento e poucos subprodutos. Além disso, nas experiências anteriores, os gases de alimentação foram injectados no jato de plasma e não no espaço ânodo-cátodo. Se os gases de alimentação forem introduzidos diretamente na região de descarga como gás formador de plasma, a capacidade de tratamento e a eficiência de conversão de energia poderão aumentar ainda mais.

Estão a ser exploradas configurações de arco mais complexas. A ECP (Sari) GlidArc Technologies em França [Czernikowski 2001] estudou os processos de reforma com um reator Glid Arc (GAT) de seis fases à pressão atmosférica. O Groupe de Recherches sur l'Energetique des Milieux Ionises (GREMI) utilizou o reator "RotArc" para estudar a reforma a vapor do metano com oxigénio. O plasma criado por três ânodos dispostos em torno de um cátodo axial (vareta de tungsténio - 6 mm de diâmetro) é girado através da aplicação de um campo magnético rotativo. As espécies reactivas entram no reator a uma temperatura de 500° K, ao longo do cátodo, através de um tubo cerâmico de 16 mm de diâmetro. A transição entre o regime não térmico e o regime térmico é controlada pela intensidade do campo magnético. A eficiência de conversão varia entre 0,49% e 79%, sendo os valores mais elevados correspondentes à descarga por arco. O reator GAT atinge o valor mais elevado com 79%. A necessidade específica de energia, que denota a forma como a energia libertada pelo plasma é utilizada na reação de reforma [Petitpas 2007], varia entre 3,8 e 6907 kJ/mol.

6.5 Plasmatrões e reformadores de combustível de bordo

14% das emissões globais de gases com efeito de estufa em 2010 provêm de combustíveis fósseis queimados nos transportes rodoviários, ferroviários, aéreos e marítimos [EPA 2017]. O mundo inteiro viaja utilizando combustíveis derivados do petróleo, em grande parte gasolina e gasóleo [Spark 2017]. Assim, a reforma in situ de combustíveis para veículos é uma ideia que está a ser perseguida por muitos fabricantes de automóveis e laboratórios de investigação (Fig.31).

Historicamente, o primeiro reformador de plasma construído no Plasma Science and Fusion Center (PSFC) do Massachusetts Institute of Technology (MIT) utilizava uma tocha de plasma. As reacções químicas foram reforçadas devido à presença de espécies muito reactivas num meio muito quente, embora com um elevado consumo de energia. Foi demonstrado em [Bromberg 2001] que era possível obter rendimentos comparáveis de H_2 com um plasma não térmico com um consumo de energia significativamente inferior. O conversor de combustível plasmatrão de baixa corrente GEN 2 utiliza um cátodo de vela de ignição. O GEN 3 tem eléctrodos concêntricos e permite a injeção de combustível líquido através de um bocal axial e em três localizações diferentes (axial, junto à parede ou entre os dois eléctrodos com um movimento de turbilhão). O trabalho do PSFC conduziu a uma tecnologia comercializada pela Arvin Meritor. O objetivo da aplicação é enriquecer o combustível com gás de síntese para melhorar a combustão dos motores de combustão interna tradicionais (menor consumo, redução das emissões de partículas e de NOx) [Bromberg 2006].

A colaboração Renault-Nissan centra-se na produção de hidrogénio a bordo a partir da reforma de vários combustíveis. A principal tecnologia de reforma é a reforma catalítica, que tem sido estudada por muitos fabricantes de automóveis e laboratórios há cerca de quinze anos e oferece uma boa eficiência. Em 2003, a Renault e o Centro de Energia e Processos em França (CEP) iniciaram um programa de investigação sobre este tema. O reformador de plasma é constituído por uma tocha de plasma compacta não térmica e um reator de pós-descarga. O CEP estuda as aplicações do plasma na conversão de hidrocarbonetos há mais de 10 anos e o seu trabalho inclui a síntese de nanoestruturas de carbono e a produção de hidrogénio [Petitpas 2007]. No domínio dos estudos de reforma, foram desenvolvidas várias versões de reactores de reforma assistida por plasma baseados na tecnologia de arco deslizante. O primeiro [Paulmier 2005] foi concebido para trabalhar em condições de reforma autotérmica ou a vapor para pressões até 3 bar e temperaturas de pré-aquecimento até 773 K. [Rollier 2005].

A geometria da tocha de plasma é muito semelhante à encontrada nos dispositivos clássicos de plasma de corrente contínua de alta intensidade. É estabelecido um arco elétrico entre um elétrodo central e um elétrodo anular. A geração de uma descarga de arco de baixa corrente e alta tensão é obtida utilizando uma fonte de alimentação baseada numa tecnologia de conversor ressonante especialmente desenvolvida para esta aplicação. Pode ser atingida uma tensão máxima de 15.000 V, enquanto a corrente do arco é limitada a 660 mA. O reator de pós-descarga está localizado a jusante da tocha de plasma. Os resultados experimentais obtidos antes da otimização do processo parecem muito encorajadores.

O Laboratoire de Physique des Gaz et des Plasma (Orsay, França), em parceria com a Peugeot, investigou a reforma do isooctano, com um reator DBD [Bouamra 2003]. A eficiência, a necessidade específica de energia e a taxa de conversão parecem ser bons indicadores para quantificar os sistemas de reforma no domínio da produção de gás de síntese.

O reforming não térmico para aplicações a bordo faz sentido: bons rendimentos de H2, compacidade, sistema reativo, não desativação devido à deposição de coque, presença de enxofre ou temperatura elevada. É necessário mais trabalho para o comparar com os sistemas catalíticos existentes a bordo. A falta de informações sobre o desempenho durante os regimes transitórios (arranque a frio, aceleração, paragem) e a produção de NOx torna difícil a avaliação da tecnologia para aplicações a bordo.

6.6 Descarbonização direta dos combustíveis fósseis com captura de carbono

Estão também a ser estudadas ideias para descarbonizar os combustíveis fósseis através da recuperação e sequestro de carbono sólido em vez de CO2 gasoso [Muradzova 2008]. Esta opção baseia-se na dissociação dos hidrocarbonetos em hidrogénio e carbono elementar num processo seco designado por "descarbonização direta". Uma vez que o metano é a matéria-prima preferida para a produção atual e, com toda a probabilidade, para a produção futura de hidrogénio, discutiremos a descarbonização do metano. A reação relevante é:

$$CH \rightarrow C + 2H_2 \_H° = 75: 6 \text{ kJ/mol} \quad (3)$$

O metano é uma molécula orgânica muito estável devido às suas fortes ligações C-H (E_{dis} = 436 kJ/mol) e à ausência de polaridade. Por conseguinte, a sua dissociação requer um aporte de energia sob a forma de alta temperatura (>1200°C). A necessidade de energia por mole de hidrogénio produzido (37,8 kJ/molH2) é consideravelmente inferior à do processo de reforma a vapor (63,3 kJ/molH2).

A temperatura necessária para a dissociação do metano pode ser reduzida através da utilização de catalisadores. Foram desenvolvidos catalisadores à base de metais e de carbono para utilização na decomposição termocatalítica (TCD) do metano. Destes, os catalisadores metálicos têm sido os mais utilizados no processo de TCD, mas sofrem de problemas de desativação associados à acumulação de carbono na superfície do catalisador. Nalguns processos, o catalisador é regenerado por combustão de carbono (que também fornece calor ao processo), mas isto resulta em emissões consideráveis de CO_2 . Outro problema grave decorrente da regeneração oxidativa de catalisadores metálicos está relacionado com a contaminação inevitável do hidrogénio com óxidos de carbono, o que exigiria uma etapa de purificação adicional. Ao contrário dos catalisadores à base de metais, os catalisadores de carbono são resistentes ao enxofre e à temperatura. Foi demonstrado que é possível efetuar uma decomposição catalítica eficiente do metano em carbonos desordenados de elevada área superficial às temperaturas típicas do processo SMR (800-900°C). Os estudos de difração de raios X (XRD) dos catalisadores de carbono indicam que, após a sua exposição a hidrocarbonetos, a direção "colunar" ou de empilhamento fica mais ordenada do que antes.

A decomposição térmica do metano em fase gasosa, conduzida por plasma, produzindo hidrogénio e carbono em fase sólida, foi sugerida como uma alternativa ecológica aos métodos convencionais de produção de hidrogénio a partir do gás natural. A vantagem do processo é que o hidrogénio é obtido diretamente do metano sem produzir CO_2 como subproduto. Nos anos 90, a Kvaerner, na Noruega, desenvolveu e operou um processo de plasma térmico com eléctrodos cilíndricos de grafite DC Hollow para a decomposição do metano em hidrogénio e negro de fumo [Lynum 1998]. Seguiu-se uma instalação piloto de 1 MW em Hofors, na Suécia, e mais tarde, em 1997-98, uma instalação industrial. O processo de plasma é intensivo em termos energéticos: estima-se que seja consumido até 1,9 kWh de eletricidade por cada metro cúbico de hidrogénio produzido. Em 2003, o projeto foi desmantelado.

Trabalhos recentes mostraram que uma configuração de eléctrodos de grafite consumíveis a quente, accionada por energia CA, é particularmente adequada para esta aplicação que envolve plasma de hidrogénio [Fulcheri 2014]. Esta é considerada uma tecnologia alternativa inovadora compatível com o objetivo de \$2/kgH$_2$ DOE (Fig.32). O processo foi recentemente examinado experimentalmente utilizando uma versão modificada de um reator de plasma originalmente desenvolvido para a conversão de metano em acetileno. Foram obtidos rendimentos de carbono de 30%, um aumento de 6 vezes, com uma diminuição correspondente do rendimento de acetileno, através do simples aumento do tempo de residência ou de reação [Fincke 2002]. Foi desenvolvido um modelo cinético detalhado que inclui os mecanismos de reação que resultam na formação de acetileno e hidrocarbonetos mais pesados e um modelo para a nucleação e crescimento de carbono sólido.

O carbono produzido pela decomposição do metano ou do propano tem uma estrutura mais ordenada do que o carbono amorfo, mas é menos ordenado estruturalmente do que a grafite (que é caraterística do chamado carbono turbo-estrático). O outro produto - o carbono - pode ser utilizado numa variedade de formas tradicionais e inovadoras. Também pode ser armazenado (ou sequestrado) de uma forma mais segura do que é possível com o CO_2 . A principal vantagem desta abordagem é que, ao mesmo tempo que elimina totalmente a emissão de CO, o seu subproduto é o valioso negro de fumo. Para melhorar a eficiência e a sustentabilidade do processo TCD e aumentar o seu potencial comercial, é necessário desenvolver novos catalisadores activos e estáveis para a decomposição catalisada por metais e carbono do metano e dos hidrocarbonetos leves em hidrogénio e produtos de carbono de valor acrescentado.

Entre as perspectivas de aumento da utilização do carbono contam-se os materiais de construção: materiais avançados à base de carbono, por exemplo, compósitos de carbono-carbono, grafite manufacturada, etc. Os compósitos de fibra de carbono são utilizados em algumas peças e componentes automóveis em que a necessidade de propriedades especiais de peso e resistência ultrapassa as considerações de custo. Prevê-se que a próxima geração de aviões comerciais em desenvolvimento pela Boeing e pela Airbus utilize amplamente a construção em compósitos de fibra de carbono. As vantagens da utilização de compósitos de carbono em relação aos materiais tradicionais (por exemplo, aço) são o facto de não corroerem, serem cinco vezes mais leves do que o aço e poderem ser instalados sem a utilização de equipamento de construção pesado.

6.7 Captura e conversão de carbono: Plasmólise

Manter o CO_2 em armazenamento intermédio para evitar que contamine a atmosfera é designado por Captura e Sequestro de Carbono (CCS). O CO_2 é quimicamente ligado a aminas e armazenado em reservatórios subterrâneos. No entanto, o processo requer uma grande quantidade de calor para regenerar o solvente. O custo é de 1.800 dólares por tonelada de carbono para $2,3 \times 10^6$ toneladas de carbono. A eletricidade produzida numa central a carvão com CAC é, pelo menos, 50% mais cara do que a produzida em centrais convencionais.

Surgiu agora uma abordagem alternativa que consiste em utilizar o CO_2 capturado e produzido antropogenicamente para sintetizar hidrocarbonetos e combustíveis carbonados (Olah 2005). Esta abordagem oferece a perspetiva de descarbonizar os transportes sem a mudança disruptiva na infraestrutura exigida por uma transição para veículos eléctricos ou a hidrogénio [Jiang 2010] e, portanto, bastante atraente. A esta ideia de transformar o CO_2 em moléculas úteis, que podem depois ser utilizadas ou armazenadas, chama-se Captura e Utilização de Carbono (CCU). Trata-se de uma área de investigação extremamente ativa nos dias que correm, uma vez que muitas ideias, como a catálise térmica, a electrocatálise, a fotocatálise e a bioelectrocatálise, estão a ser desenvolvidas [Styring 2015]. A conversão de CO_2 utilizando o processamento de plasma é uma dessas ideias que explora a capacidade dos electrões energéticos para causar a ionização, excitação e dissociação do impacto dos electrões para criar espécies reactivas, que por sua vez sofrerão facilmente outras reacções, produzindo novas moléculas. Desta forma, mesmo as reacções fortemente endotérmicas, como a separação do CO_2 , podem ocorrer com um consumo de energia razoável.

A química do plasma que impulsiona a dissociação do CO_2 pode ser compreendida através da modelação da cinética da reação química de dimensão zero [Bogaerts et. al., 2017], que também ajuda a escolher um caminho experimental eficiente. Os modelos dizem-nos claramente que o processo de dissociação do CO_2 num plasma DBD é completamente diferente do de um plasma de micro-ondas ou de arco deslizante. Num plasma DBD, a conversão do CO_2 é atribuída principalmente à excitação eletrónica seguida da dissociação das moléculas do estado fundamental do CO_2 . Num plasma MW e GA, a excitação vibracional do CO_2 é dominante, e os processos de relaxação VV povoam gradualmente os níveis vibracionais mais elevados. Este processo, denominado ladder climbing (Fig.33), é a forma mais eficiente de provocar a dissociação do CO2, exigindo apenas 5,5 eV por molécula, ou seja, exatamente a energia da ligação C=O, enquanto o processo de excitação eletrónica seguido de dissociação exige cerca de 7-10 eV por molécula.

São necessários modelos de fluidos em 2D ou 3D de concepções específicas de reactores para nos orientar nas modificações de conceção do reator com vista a uma melhor conversão do CO_2 . A eficiência energética calculada da conversão do CO_2 num DBD será sempre limitada (5%), uma vez que os níveis vibracionalmente excitados não contribuem significativamente para a dissociação do CO_2 . Isto é atribuído às energias relativamente elevadas dos electrões (vários eV), induzindo assim a excitação eletrónica do impacto dos electrões, a ionização e a dissociação das moléculas do CO_2 no estado fundamental. Estes processos são energeticamente ineficientes, uma vez que requerem mais energia do que a estritamente necessária para a quebra da ligação C=O. A conversão pode ser melhorada em reactores DBD de leito empacotado, devido a campos eléctricos melhorados nos pontos de contacto, causando energias de electrões mais elevadas, produzindo mais processos de impacto de electrões para a mesma potência aplicada. Assim, parece que os reactores DBD nunca atingiriam uma eficiência energética suficientemente elevada para a exploração industrial da decomposição de CO2 puro, a menos que se possam alcançar condições drasticamente diferentes que possam diminuir o campo elétrico reduzido e impulsionar a excitação vibracional do impacto dos electrões, por exemplo, utilizando novos tipos de fontes de alimentação.

Os modelos revelam que os plasmas MW e GA são mais promissores para a conversão eficiente de CO_2 . Caracterizam-se por valores mais baixos de campo elétrico reduzido, produzindo energias electrónicas de cerca de 1 eV, que são as mais adequadas para uma excitação vibracional eficiente (Fig.34). No entanto, atualmente, a maioria dos plasmas MW e GA ainda não operam nas condições mais adequadas para maximizar a via vibracional, uma vez que o processo de conversão é muitas vezes ditado por processos térmicos, em resultado da elevada temperatura do gás. Na descarga de micro-ondas, a excitação dos níveis vibracionais promove uma dissociação eficiente quando a entrada de energia específica é superior a um valor crítico (2,0 eV/molécula nas condições examinadas). A eficiência energética calculada do processo tem um máximo de 23% [Kozak & Bogaerts 2014].

Para aplicações industriais, seria vantajoso trabalhar à pressão atmosférica para garantir o rendimento necessário. Uma opção é trabalhar com um fluxo de gás supersónico, como já foi demonstrado por Asisov et al em 1983, atingindo eficiências energéticas de 90% [Asisov 1983], porque tal configuração pode combinar uma pressão reduzida na região do plasma e uma baixa temperatura, com uma elevada densidade de potência. Outra possibilidade é aplicar um fluxo de gás de vórtice invertido, como atualmente explorado no Instituto Holandês de Investigação Fundamental em Energia (DIFFER) [Bongers 2015], porque isto conduz ao arrefecimento do gás, bem como à estabilização do plasma à pressão atmosférica. Uma terceira opção poderia ser a aplicação de potência pulsada, que também permitirá atingir altas densidades de potência, com aquecimento reduzido do gás.

Embora seja necessária uma energia de 5,5 eV para quebrar diretamente a molécula de CO_2 , mesmo os electrões com energia tão baixa como 2,9 eV podem iniciar colisões e fazer vibrar a molécula. Se as moléculas excitadas vibracionalmente retêm esta energia enquanto colidem com outras moléculas para partilhar a energia vibracional, podem subir a escada de 21 níveis de vibração para atingir o limite de dissociação. Entre os três modos de vibração normais da molécula de CO_2 , o modo de vibração assimétrico é capaz de efetuar trocas rápidas de energia intra-modo (V-V). Este modo é predominantemente excitado por electrões com temperaturas entre 13 eV [Silva et al. 2014; Kozak & Bogaerts 2014].

O plasma de descarga de micro-ondas fracamente ionizado parece reunir as condições para excitar a excitação vibracional das moléculas que conduzem à dissociação do CO_2 , que tem uma secção transversal de pico a 0,4 eV. A temperatura necessária de <1 eV pode ser convertida para um campo elétrico reduzido (E/n) = 1,4 x 10-16 V cm2. Isto, no entanto, entra em conflito com a temperatura necessária para sustentar a descarga, que é superior a 1 eV. Parece ser necessária a adaptação de uma função de distribuição de energia de electrões de dupla curvatura (EEDF). A eficiência energética aumenta com a diminuição da energia E por molécula de CO_2 de entrada, enquanto a conversão de partículas diminui [Goede 2014]

A imagem física é que as moléculas vibratórias de CO_2 colidem ocasionalmente, excitando sobretons, aumentando assim a energia vibracional de uma molécula à custa de outras. Isto acaba por levar à quebra da ligação molecular do CO_2 a 5,5 eV de energia e à libertação de uma molécula de CO e de um átomo de oxigénio [Goede & Van de Sanden 2016]. Este radical de oxigénio reage com outra molécula de CO_2 produzindo uma segunda molécula de CO a uma energia de 0,3 eV. A energia líquida gasta por CO produzido é assim reduzida para 2,9 eV, muito inferior à energia de dissociação de 5,5 eV ou aos 7 eV ou mais necessários para a excitação vibrónica do CO_2 pela transição de Franck-Condon. Este processo desvia a energia ao longo do caminho mais ótimo para a dissociação, em vez de a desperdiçar no aquecimento do gás: explora um processo de não-equilíbrio em que a energia vibracional excede a energia translacional e rotacional. O esquema é superior à eletrólise em termos de densidade de potência, escalabilidade, resposta imediata à eletricidade renovável intermitente e por não necessitar de materiais escassos.

Esta ideia está a ser explorada por investigadores do DIFFER em conjunto com o Instituto de Investigação Interfacial e Processos de Plasma (IGVP) da Universidade de Estugarda [Neyts 2014]. A instalação de plasma por micro-ondas do IGVP (915 MHz, 30 kW), acoplada a uma cavidade cilíndrica, cria um campo elétrico axial elevado (~10 kV/m) para a ignição e manutenção do plasma de CO_2 . É criado um fluxo de gás em vórtice injectando o gás CO_2 tangencialmente à entrada da câmara de reação cilíndrica. Permitir que o gás se expanda a uma velocidade supersónica provoca o arrefecimento do gás e impede a relaxação dos modos vibracionais e a conversão em energia translacional. As medições da composição do gás com espetrometria de massa quadrupolar (QMS) e espetroscopia de emissão ótica (OES) revelam que a taxa de conversão de partículas aumenta linearmente com a potência de RF, enquanto a maior eficiência energética é alcançada com baixa potência de RF [Goede 2016]. A intensidade da linha de CO aumenta linearmente com a pressão do gás. Estes resultados são consistentes com um modelo de equilíbrio de potência, mostrando que a excitação eletrónica é linearmente proporcional à potência de micro-ondas

Outro método para a conversão do CO_2 é a reação de oxidação parcial que resulta na produção de hidrogénio e de um sólido (C3O2)n (poli(subóxido de carbono)). Esta abordagem foi sugerida pela primeira vez [Fridman 2008] com base principalmente em argumentos termodinâmicos. Embora esta abordagem possa resultar numa menor libertação de energia em comparação com a combustão direta e as reacções de reforma, evita a libertação de CO_2 na atmosfera. Os resultados dos cálculos termodinâmicos mostram que a eficiência energética da produção de hidrogénio e de subóxido de carbono sólido pode atingir 78% da eficiência energética da produção de gás de síntese (dependendo do tipo de matéria-prima de hidrocarbonetos). A diminuição da eficiência energética é compensada pela eliminação das emissões de CO_2 e pela produção de dois produtos valiosos: hidrogénio e subóxido de carbono (um dos principais componentes dos fertilizantes orgânicos). A oxidação de hidrocarbonetos assistida por plasma a baixa temperatura foi demonstrada num reator DBD com n-butano ($C4H_{10}$) como matéria-prima de hidrocarbonetos misturada com ar. Começam a formar-se depósitos sólidos momentos após a reação do butano com o ar na presença de plasma.

6.8 O papel da catálise na reforma a plasma

A reforma convencional estabeleceu que catalisadores como o níquel suportado em alumina são razoavelmente eficientes. Para o metano, metais raros como Rh, Ru e Pt demonstraram altas taxas de conversão. No entanto, isto exige uma temperatura de funcionamento muito mais elevada [Lavoie 2014].

A reforma por plasma em combinação com a catálise oferece muitas possibilidades interessantes [Chen 2008]. O pré-tratamento do plasma através do bombardeamento de partículas e dos efeitos térmicos pode alterar a estrutura da superfície do catalisador, o que aumenta a sua atividade, durabilidade e basicidade. Por outro lado, o catalisador pode influenciar as características do plasma se ambos os processos de plasma e catálise forem combinados para formar um sistema de reforma híbrido. É possível colocar o catalisador no interior do plasma (catálise no plasma, IPC) e colocar o catalisador na região pós-fluxo (catálise pós-plasma, PPC) [An 2011]. Ambos os tipos de reactores podem induzir efeitos sinérgicos entre o catalisador e o plasma, uma vez que a catálise e a reforma a plasma geram diferentes espécies activas e características do reator (distribuição de temperatura, distribuição de electrões e densidade do gás). Assim, os mecanismos são muito mais complexos do que a catálise e o plasma isoladamente.

Em geral, os efeitos sinérgicos podem ser divididos em influência do plasma sobre o catalisador e influência do catalisador sobre o plasma. O plasma pode alterar a estrutura do catalisador, incluindo as dimensões dos metais activos, dos promotores e dos poros. A reaglomeração de aglomerados de metal ativo resulta num aglomerado de metal ativo mais pequeno e em mais sítios de adsorção com maior basicidade, aumentando assim a possibilidade de adsorção de CH_4 , CO_2 e outros produtos intermédios. Entretanto, o catalisador pode induzir a concentração do campo elétrico devido à sua estrutura de poros e propriedades dieléctricas. Assim, tanto a distribuição da energia dos electrões como as características do catalisador são modificadas para obter um melhor desempenho da DRM.

Outro efeito sinérgico deve-se ao facto de o plasma gerar excitação vibracional e eletrónica, elevando assim a energia interna das moléculas de gás. Quando espécies vibracionalmente excitadas são adsorvidas num catalisador, as dissociações de CH_4 e CO_2 são aumentadas, uma vez que as espécies adsorvidas têm energias internas mais elevadas. Este processo é designado por adsorção dissociativa [Chen 2008]. Por conseguinte, a energia de ativação da DRM pode ser reduzida, resultando numa melhor eficiência de reforma da catálise [Durme 2008].

6.9 Perspectivas futuras

As tecnologias de reforma estão a ganhar importância devido à disponibilidade e ao preço do gás natural. O metano, quando reformado em gás de síntese, pode ser utilizado para a produção de alcanos de cadeia mais longa. As tecnologias DRM, embora promissoras do ponto de vista ambiental, não são exploradas à escala industrial, ao contrário da ATR e da SMR. Para além do facto de a reação de reforma a seco ser altamente endotérmica em comparação com as duas outras, a reação envolve frequentemente a produção de carvão que conduz à desativação do catalisador.

A catálise por plasma está a revelar-se uma técnica promissora para aumentar a eficiência da DRM na produção de gás de síntese. No entanto, a realização de um bom sistema híbrido tem muitos desafios. O primeiro é a descrição das rotas de reação da DRM com catálise de plasma.

Os efeitos sinérgicos discutidos anteriormente fornecem diferentes perspectivas para configurar o modelo para elucidar as rotas de reação. O segundo é combinar um catalisador e um reator de plasma adequados que possam induzir todos os efeitos sinérgicos para aumentar a eficiência da produção de gás de síntese, bem como para inibir a deposição de carbono. O terceiro desafio pode ser o escalonamento das tecnologias de plasma para o nível de ATR ou SMR.

Para produzir hidrocarbonetos diretamente a partir do CO_2 , são necessários catalisadores híbridos [Centi 2009]. Novos catalisadores e novas configurações de reactores podem ajudar a compensar a necessidade de pressões elevadas num reator de plasma. É necessária muito mais investigação para criar processos de plasma que produzam hidrocarbonetos líquidos atualmente produzidos através de rotas sem plasma. Se forem bem sucedidos, estes processos poderão transformar as indústrias química e energética.

Existem possibilidades interessantes para o problema da plasmólise do CO_2 . Ao comparar o plasma DBD e MW, é evidente que o plasma MW apresenta uma conversão de CO_2 e uma eficiência energética muito melhores devido ao papel importante dos níveis vibracionais do CO_2 . No entanto, esta boa eficiência energética é obtida a uma pressão moderada (da ordem dos 3000 Pa). Isto não é muito prático para o processamento de alto rendimento dos gases de escape. O aumento da pressão conduz, contudo, a uma clara redução da eficiência energética. O plasma DBD permite uma conversão razoável, da ordem dos 30%. No entanto, a eficiência energética correspondente é apenas da ordem dos 10%, o que é provavelmente demasiado baixo para a aplicação industrial. De facto, quando toda a energia eléctrica para sustentar o plasma provém de combustíveis fósseis, estimou-se que seria necessária uma eficiência energética de 52% para a conversão de CO_2 , para compensar a produção de CO_2 pela combustão de combustíveis fósseis. É possível melhorar a conversão e a eficiência energética de um plasma DBD, através da inserção de esferas dieléctricas, ou seja, num reator DBD de leito empacotado. A razão para esta maior conversão e eficiência energética é o aumento do campo elétrico perto dos pontos de contacto das esferas, produzindo uma temperatura de electrões mais elevada, o que facilita a dissociação do CO_2 por impacto de electrões. Além disso, ao inserir o empacotamento catalítico num reator DBD, é possível visar a produção selectiva de produtos específicos. No entanto, será ainda necessária muita investigação neste domínio.

O âmbito e o potencial dos processos de plasma são, por conseguinte, vastos. Estes processos reduzem a concentração de CO_2 na nossa atmosfera e permitem o armazenamento químico de energia que pode ser transferida para o sistema a partir de fontes de energia renováveis em alturas de pico. Para além da produção de combustíveis, podem também ser formados produtos químicos valiosos. Uma melhor compreensão da química do plasma, tanto através da modelação do plasma como do acoplamento com outras técnicas, como a catálise, bem como uma maior compreensão da síntese de um catalisador que criará sinergias quando combinado com o plasma [Chen 2016], permitirá a expansão deste domínio.

A capacidade da natureza para formar hidrocarbonetos através da fotossíntese inspirou muitas pessoas a reproduzir o processo e a produzir combustíveis sintéticos com elevada densidade energética numa base sustentável. Os desafios incluem uma elevada eficiência energética, uma elevada densidade energética e rendimento, a utilização de materiais disponíveis em abundância e uma resposta rápida a um fornecimento intermitente de eletricidade. A possibilidade de reciclagem de CO_2 e a engenhosa combinação de redes de eletricidade e de gás para armazenamento de energia conduziram ao conceito de combustíveis neutros em termos de CO_2 (Fig. 35), que são hidrocarbonetos sintéticos produzidos a partir de dióxido de carbono e água reciclados, utilizando energias renováveis como a energia eólica e solar [Goede 2015]. Ao recapturar e reutilizar o CO_2 emitido, o ciclo do CO_2 é fechado, estabelecendo-se uma condição de equilíbrio. Isto imita o ciclo do carbono do sistema terrestre, que tem estado em quase equilíbrio há mais de um milhão de anos. A vantagem evidente é que nos permite continuar a utilizar as infra-estruturas existentes de armazenamento, transporte e distribuição de energia.

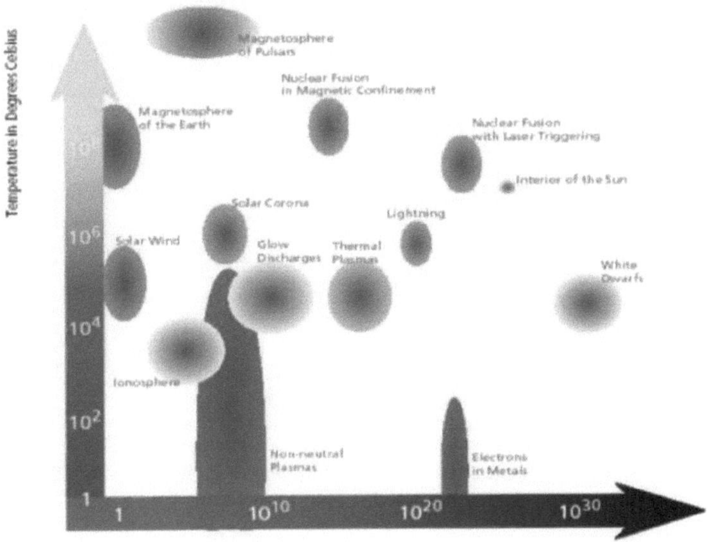

Fig.1: O espaço alargado de parâmetros do plasma natural e artificial

Através da modulação por impulsos da potência de descarga, a transferência de energia dos electrões para os neutros pode ser limitada, produzindo plasmas frios à pressão atmosférica.

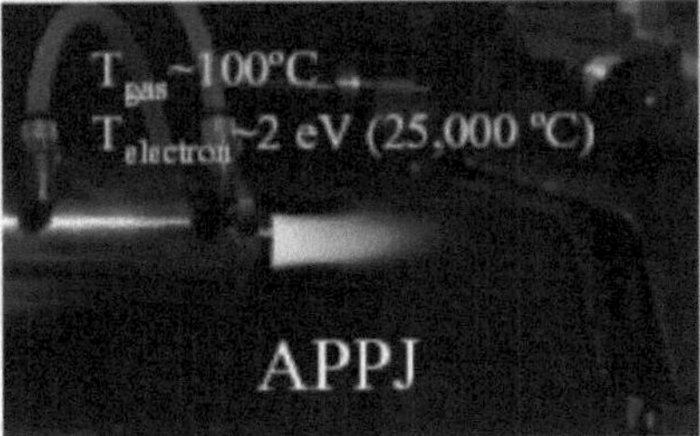

Fig.2: Os físicos de plasma inventaram muitos esquemas para a produção de plasma frio a alta pressão. Ao limitar a transferência de energia dos electrões para os neutros, através de descargas com impulsos repetitivos, é possível produzir plasma frio.

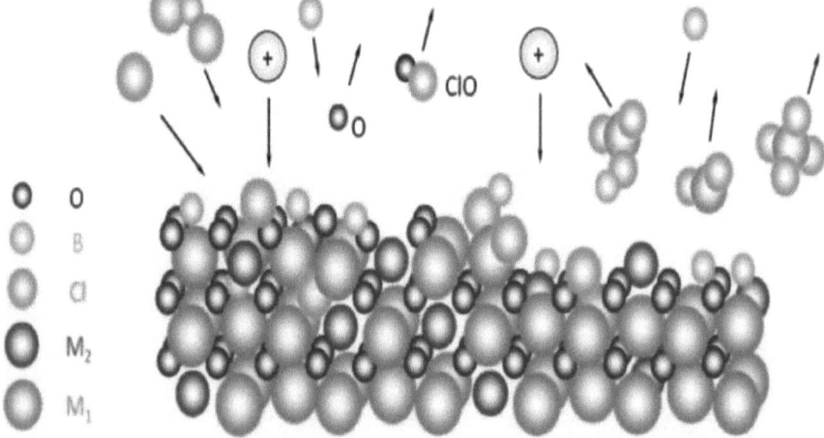

Fig.3: Através de combinações inovadoras de pressão de gás neutro, modos de potência de descarga e configurações de eléctrodos, foi possível realizar uma grande variedade de fontes de plasma que abrangem um grande espaço de parâmetros.

Fig.4: A gravação por plasma é o processo de remoção de átomos de uma superfície sólida por meios físicos ou químicos. O processo é utilizado para limpar superfícies ou para criar padrões tridimensionais de dimensões micrométricas e nanométricas.

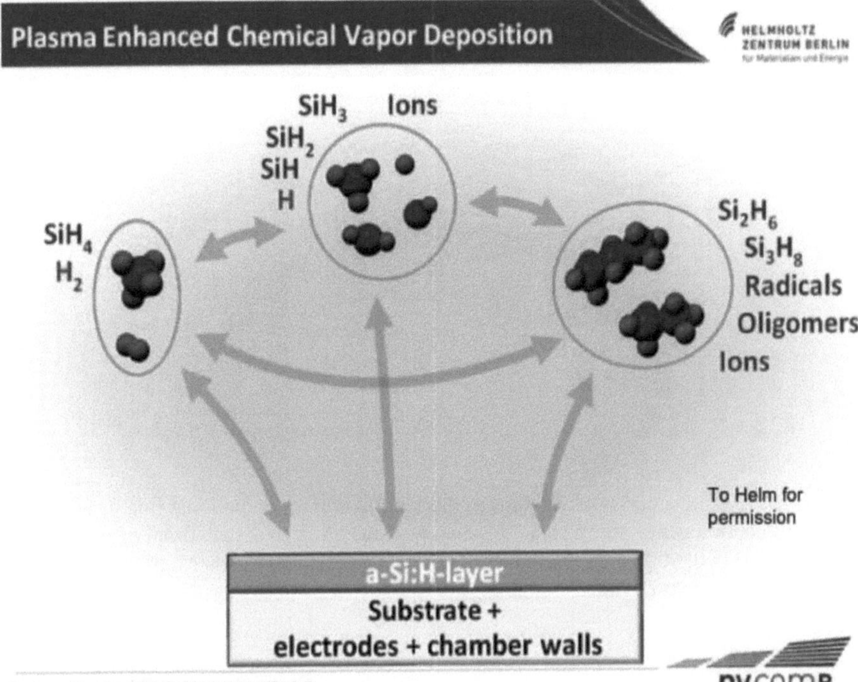

Fig.5: Diagrama esquemático do processo de deposição de vapor químico com reforço de plasma. Com a gentil autorização de Antinia Rotger, Helmholts Zentrum, Berlim

SINERGISMO PLASMA-CATALISADOR

Efeitos no plasma

As arestas vivas aumentam o campo E devido à geometria e à polarização Microdescarga devido a um campo E elevado Alteração da função de distribuição de electrões Transição de descarga filamentar para difusa e superficial Aumento da concentração de poluentes devido à retenção na superfície

Efeitos no catalisador

Aumenta a probabilidade de adsorção Nanoestruturas Aumenta a área de superfície Estado de oxidação do catalisador modificado Óxidos metálicos reduzidos a metais Depósitos de carbono reduzidos Alterações na função de trabalho
Formação de pontos quentes Alteração da barreira de ativação Mais vias de reação à superfície

Fig.6: Visão geral dos vários efeitos do catalisador sobre o plasma e do plasma sobre o catalisador, que podem dar origem a uma operação catalítica de plasma sinérgica.

Cost reduction scenario and PV system development

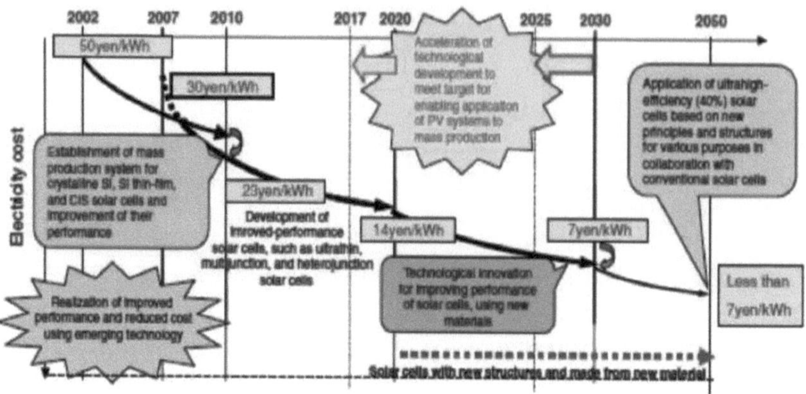

Fig. 7: Situação atual e perspectivas futuras das células solares de película fina de silício. Reproduzido com a gentil autorização de Makoto Konagai, Japanese Journal of Applied Physics 50 (2011) 030001 e da Sociedade Japonesa de Física Aplicada Michiya Takekawa APEX/JJAP Copyright Division

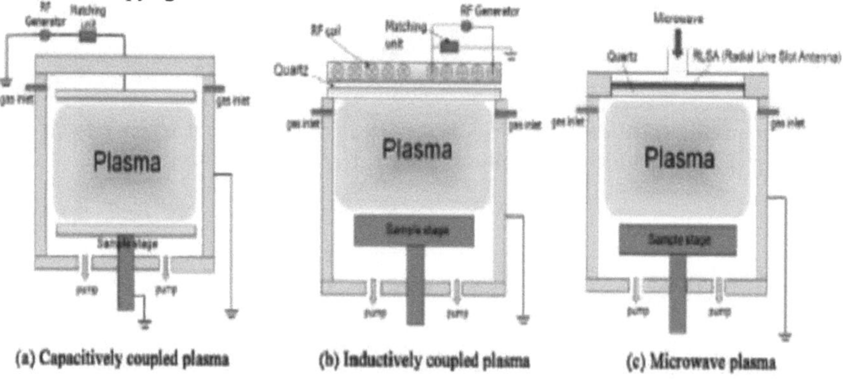

Fig.8: Representação esquemática das descargas de plasma de baixa temperatura utilizadas no processamento de plasma para Si PV: (a) capacitivamente e (b) indutivamente acopladas (conexão de unidade de correspondência paralela) e (c) plasmas de micro-ondas.
Reproduzido com a gentil autorização de S.Q. Xiao, Plasma Sources and Applications Centre (PSAC), NIE, e Institute ofAdvanced Studies, Nanyang Technological University, 1 Nanyang Walk, Singapore 637616Low-temperature plasma processing forSi photovoltaics

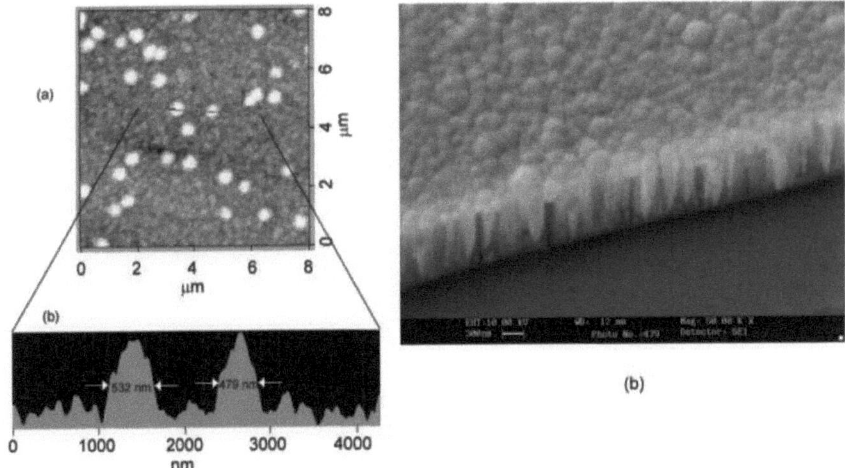

Fig.9: (a) Imagem AFM: Morfologia da superfície AFM da película fina de Si:H de fase mista, em que os microcristalitos de Si:H estão embebidos na matriz amorfa de Si:H cultivada pela técnica PECVD VHF (55MHz). (b) Imagem da secção transversal SEM totalmente cristalina: Imagem da secção transversal SEM de uma película fina de Si:H totalmente microcristalina com grãos colunares típicos. C. Jariwala et. al. (2007): "18th International Symposium on Plasma Chemistry" (ISPC-18) 26 de agosto[th] a 31st Kyoto, Japão

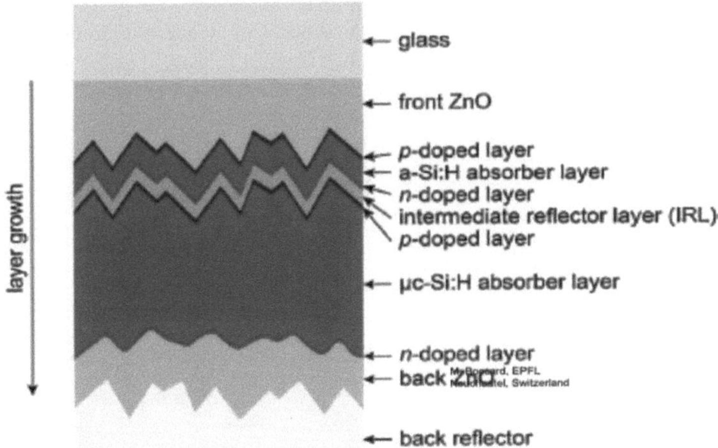

Fig.10: Esquema de um tandem típico de silício amorfo (a-Si:H)/microcristalino (mc-Si:H) (micromorfo) na configuração de superestado. A luz entra através do vidro e do elétrodo frontal, aqui composto por óxido de zinco (ZnO). A célula a- Si:H é a célula superior, enquanto a célula inferior é composta por mc-Si:H. Reproduzido com a autorização do Dr. Christophe Ballif de MaterialsToday Volume18,Número7 Setembro2015

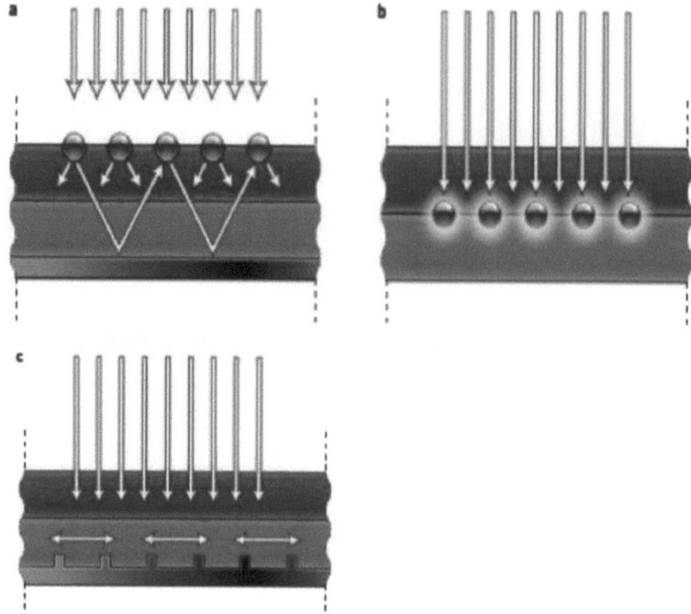

Fig.11: Geometrias de captação de luz plasmónica para células solares em película. 9a, Captura de luz por dispersão de nanopartículas metálicas na superfície da célula solar. 9b, Captura de luz por excitação de plasmões de superfície localizados em nanopartículas metálicas embebidas no semicondutor. 9c, Captura de luz pela excitação de polaritões de plasmon de superfície na interface metal/semicondutor. Com a autorização de H. Atwater, Caltech Center for Sustainable Energy Research e Thomas J. Watson Laboratories ofApplied Physics, California Institute ofTechnology, Pasadena, California 91125, EUA

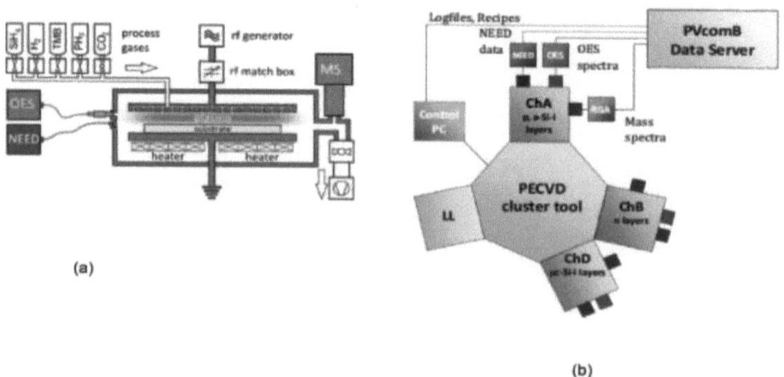

Fig.12: (a) Esquema da câmara de processo com o reator PECVD de placas paralelas e três diagnósticos de plasma OES, MS e NEED
(b) Esquema do cluster PECVD AKT 1600A, ferramentas de diagnóstico de plasma e sistema de gestão de dados no PVComB Reimpresso de EPJ Photovoltaics 5, 55202 (2014) Com a gentil permissão do The European Physical Journal (EPJ).

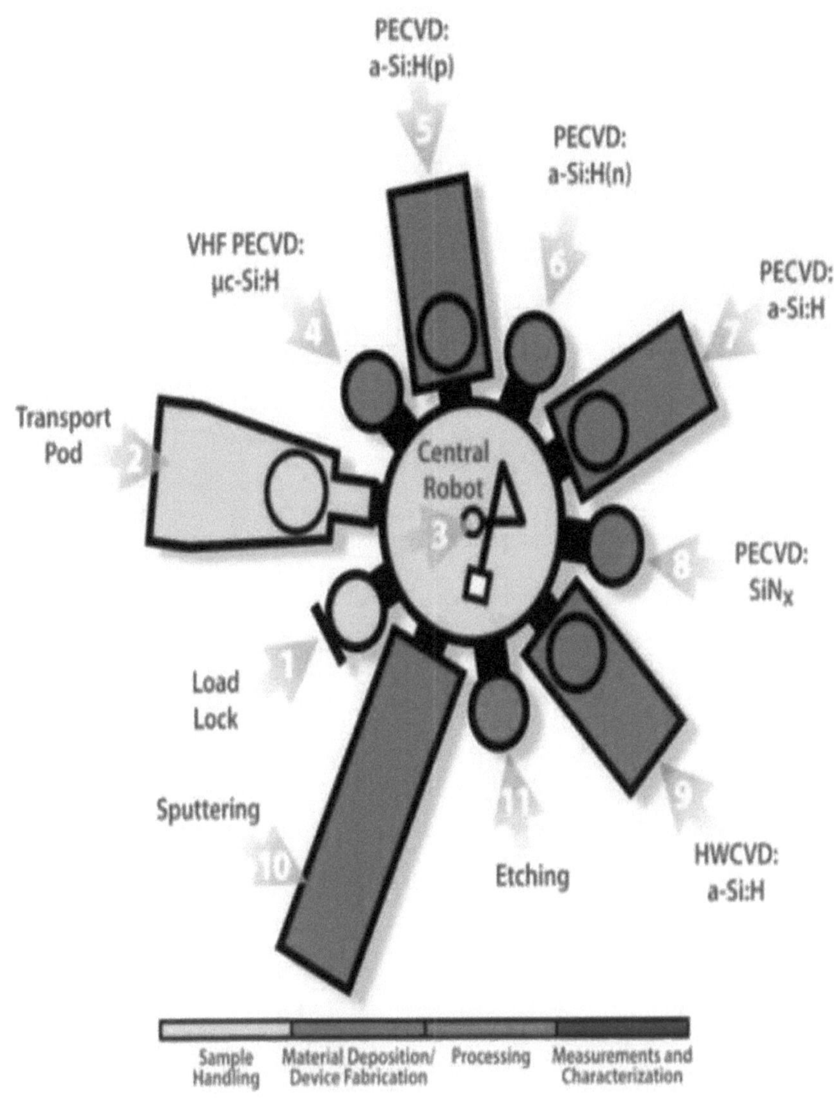

Fig.13: Silicon ClusterTool. Ilustração do NREL. Acedido em [30 de julho de 2017], https://www.nrel.gov/pv/silicon-cluster-tool.html.

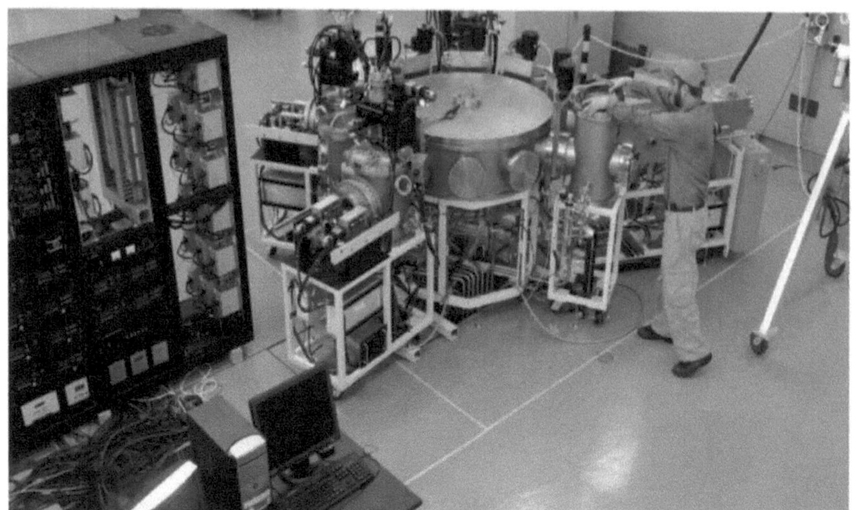

Fig. 14: Ferramenta de aglomerado de silício no Laboratório de Desenvolvimento e Integração de Processos (PDIL). Foto de Mike Linenberger, NREL 14981.

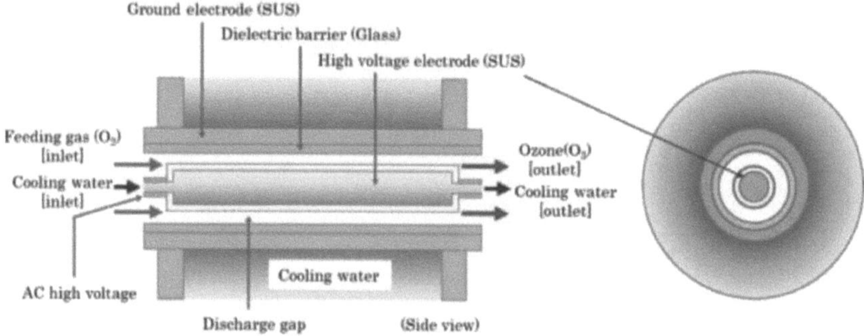

Fig. 15: Representação esquemática do reator cilíndrico arrefecido ©2012 Matsumoto T, Wang D, Namihira T, Akiyama H. Publicado no Capítulo 9 Non-Thermal Plasma Technic for Air Pollution Control
sob licença CC BY 3.0. Disponível em: http://dx.doi.org/10.5772/50419

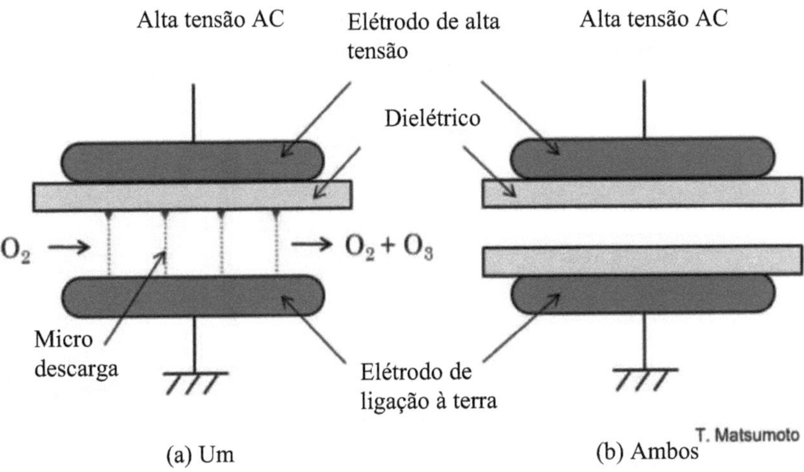

Fig. 16: Representação esquemática do elétrodo de descarga por barreira dieléctrica. © 2012 Matsumoto T, Wang D, Namihira T, Akiyama H. Publicado no Capítulo 9 Non-Thermal Plasma Technic for Air Pollution Control sob licença CC BY 3.0. Disponível em: http://dx.doi.org/10.5772/50419

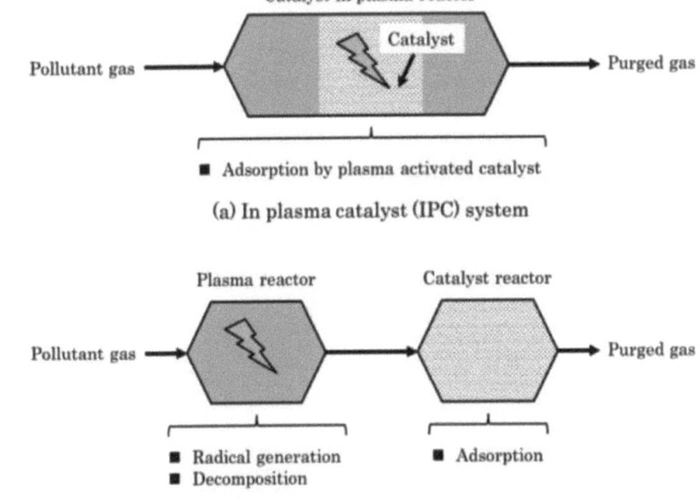

Fig.17: Diagramas de fluxo de processo típicos e descrição das principais funções do sistema de catalisador pós-plasma (PPC) e catalisador no plasma (IPC) Durme, J. V.et.al; Applied Catalysis B: Environmental, Vol. 78, 324-333 © 2012 Matsumoto T, Wang D, Namihira T, Akiyama H. Publicado no Capítulo 9 Non-Thermal Plasma Technic for Air Pollution Control sob licença CC BY 3.0. Disponível em: http://dx.doi.org/10.5772/50419

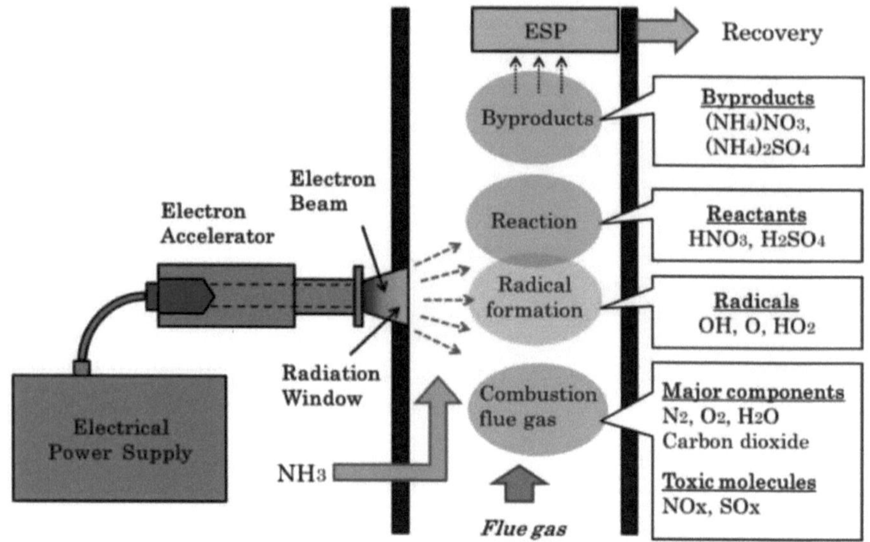

Fig.18: Princípio do tratamento de gases de combustão por feixe de electrões. © 2012 Matsumoto T, Wang D, Namihira T, Akiyama H. Publicado no Capítulo 9 Non-Thermal Plasma Technic for Air Pollution Control sob licença CC BY 3.0. Disponível em: http://dx.doi.org/10.5772/50419

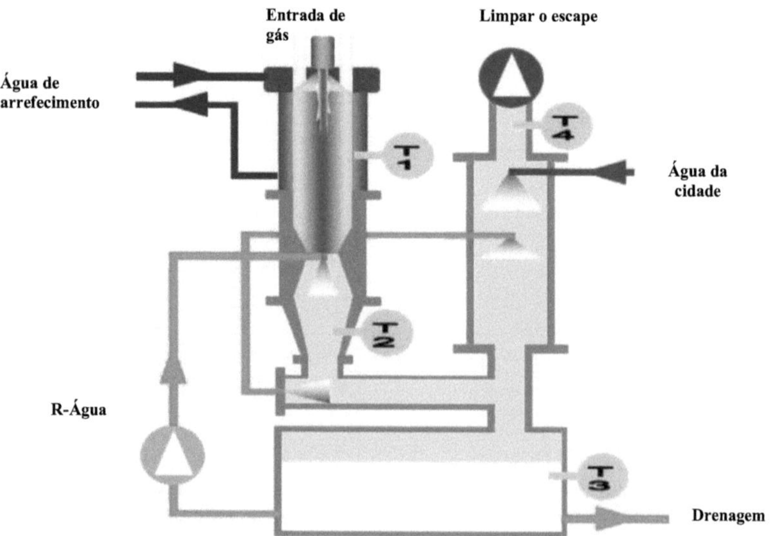

Fig.19: Sistema de redução de PoU para a indústria de IC Com a gentil permissão da PlasmaAirAG, Alemanha

Fig.20: Fonte de plasma térmico aquecido por arco para plasma a vapor Com a gentil permissão da PlasmaAirAG, Alemanha

● ● ● | Chemical composition of typical MSW

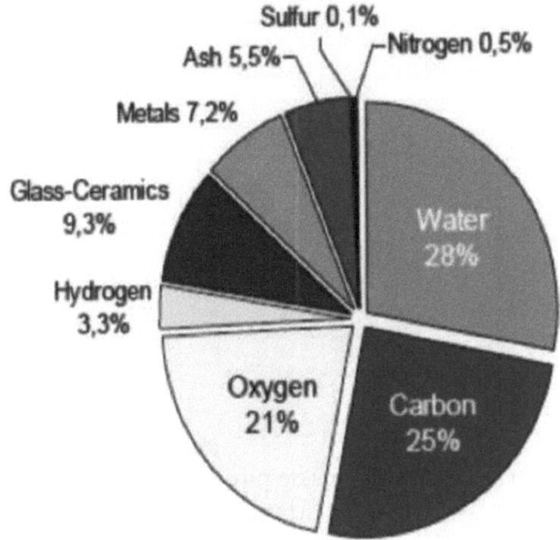

Fig. 21: Composição elementar dos resíduos sólidos urbanos típicos

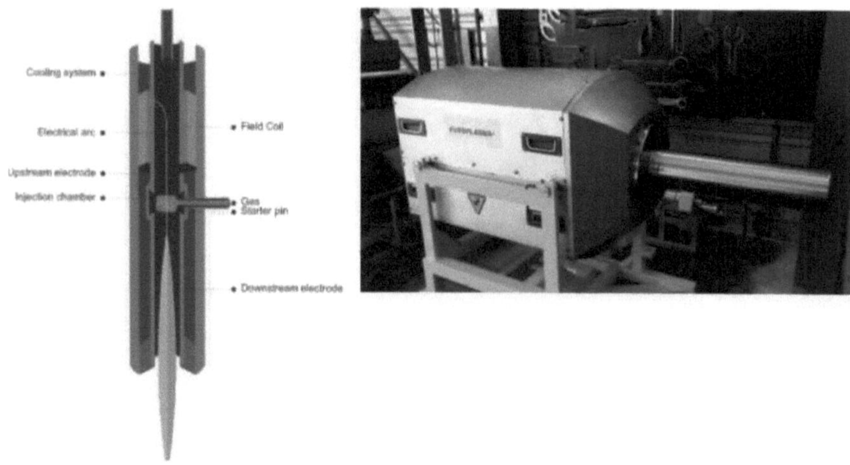

Fig. 22: Uma tocha de plasma Europlasma típica. Reproduzido com a gentil permissão da Europlasma

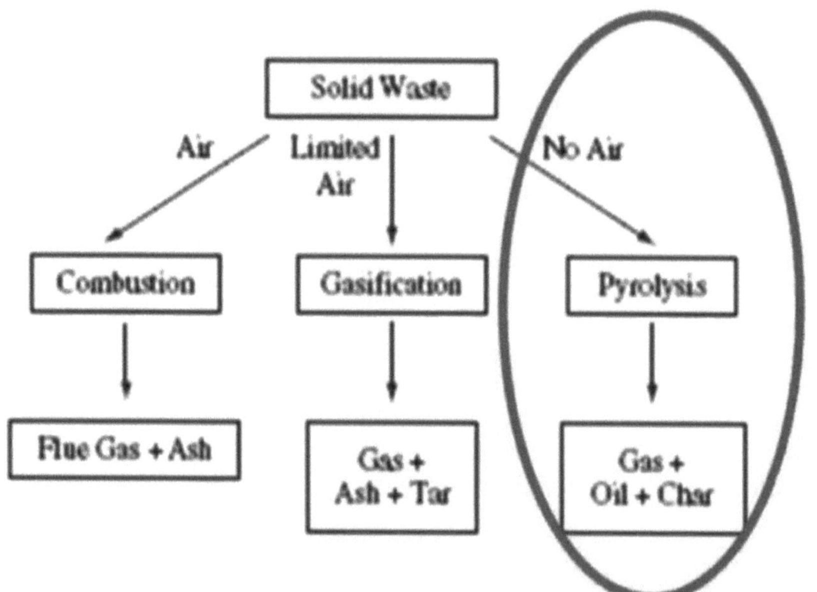

Fig. 23: Representação esquemática das fases de pirólise, gaseificação e combustão. Com a devida permissão de: Umberto Arena, Waste Management 32 (2012)625-639

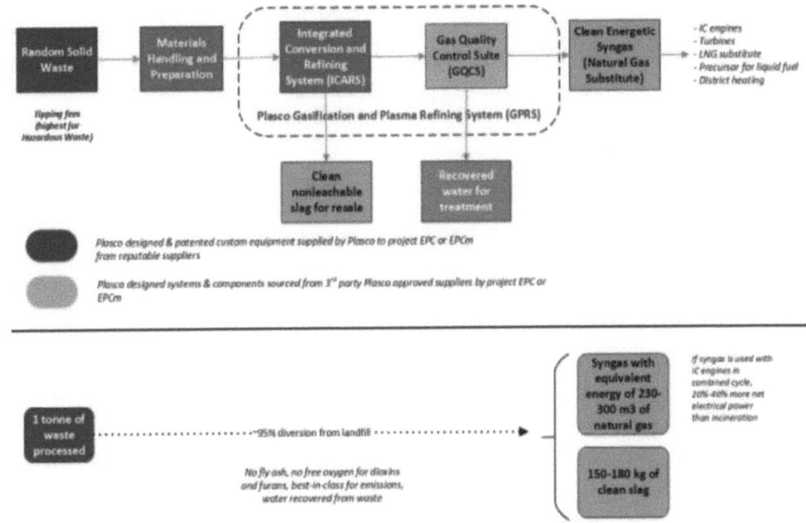

Fig.24: Diagrama esquemático da pirólise e gaseificação por plasma para conversão de resíduos em energia. Com a devida autorização da Plasco Technologies Inc., Canadá

Fig.25: Instalação de demonstração da Fiasco, Plasco Trail Road. A empresa desenvolveu tecnologias avançadas que convertem resíduos em energia e combustíveis
Com a gentil permissão da Plasco Technologies Inc., Canadá

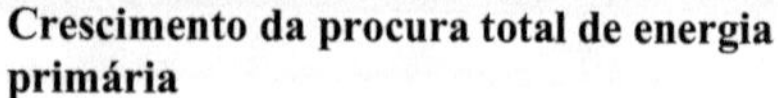

Crescimento da procura total de energia primária

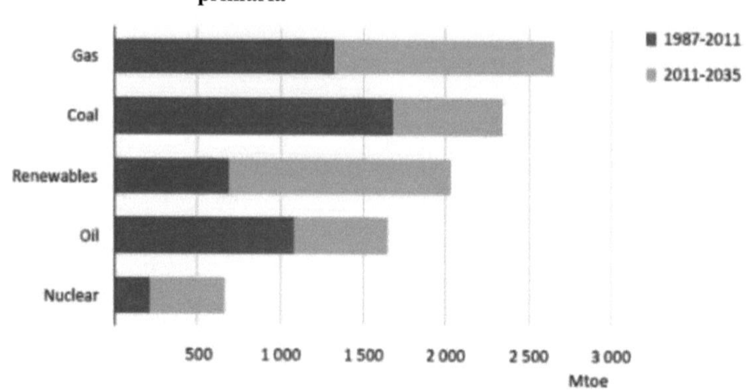

A atual percentagem de combustíveis fósseis no cabaz global, 82%, é a mesma de há 25 anos; o forte aumento das energias renováveis apenas reduz esta percentagem para cerca de 75% em 2035

Fig.26: A quota de energias renováveis no cabaz energético total não se alterou ao longo dos anos. Do World Energy Outlook 2013, cortesia da AIE, Paris

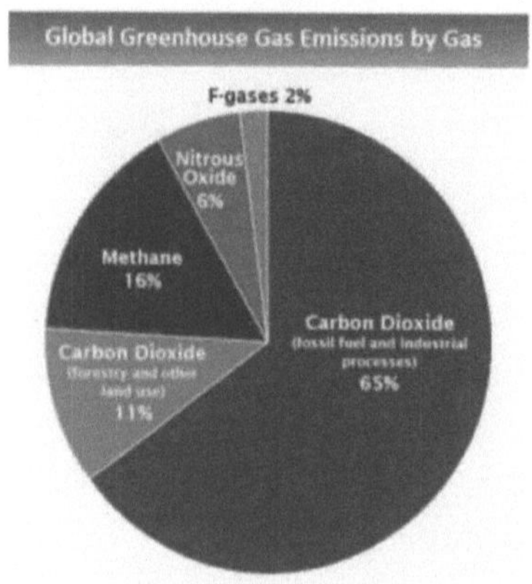

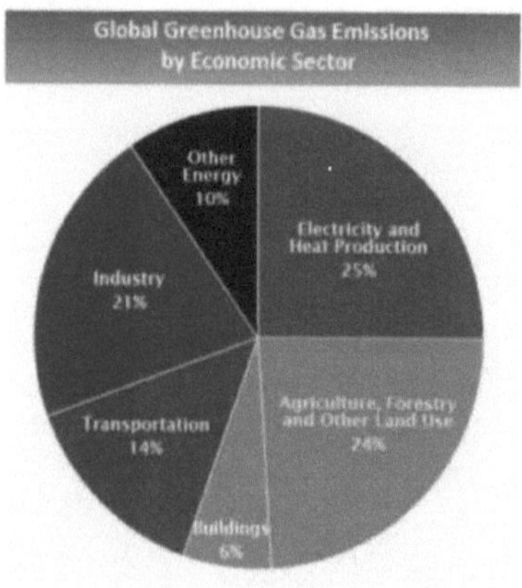

Fig.27: Fonte: <u>IPCC (2014)</u>; com base nas emissões globais de 2010. Detalhes sobre as fontes incluídas nessas estimativas podem ser encontrados na <u>Contribuição do Grupo de Trabalho III para o Quinto Relatório de Avaliação do Painel Intergovernamental sobre Mudanças Climáticas</u>.

A era dos gases energéticos Ondas globais de transição energética

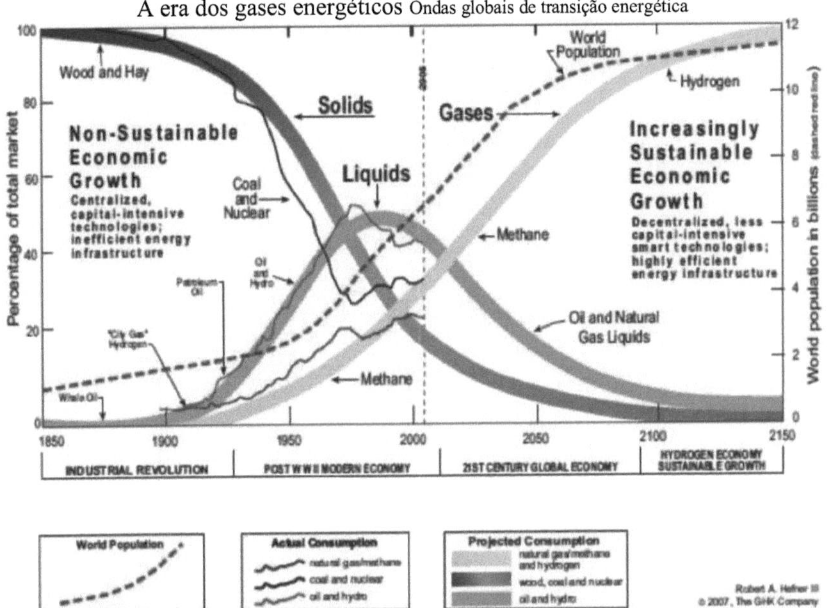

Fig.28: A transição de sólido para líquido e para gás dos combustíveis durante um período de tempo alargado. Ao longo do tempo, à medida que avançamos nestas ondas de energia, temos vindo a descarbonizar ou a "hidrogenizar" o nosso consumo de energia. Com a devida permissão de Robert A Hefner III (Age of Energy Gases, 2007)

6.2 Gaseificação do carvão

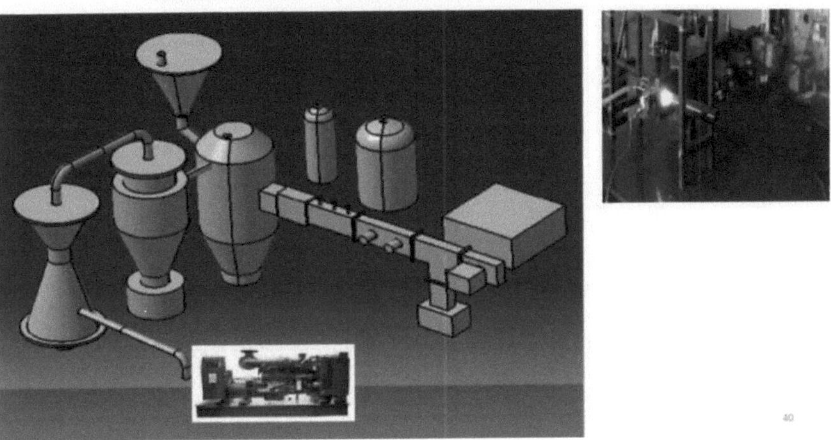

Fig.29: Diagrama esquemático da instalação experimental de gaseificação de carvão no FCIPT, Instituto de Investigação de Plasma, Índia

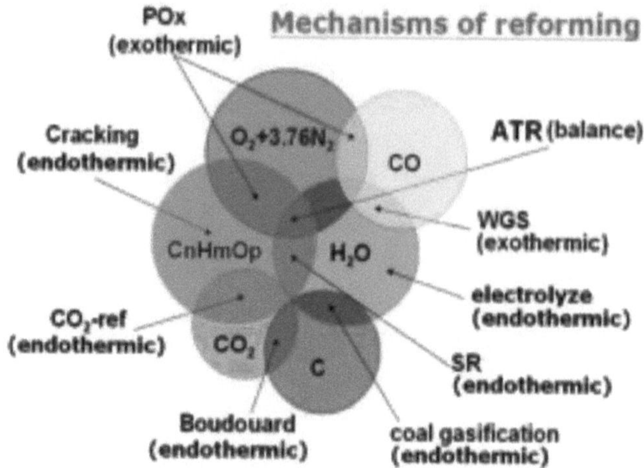

Fig.30: Um diagrama de relações dos mecanismos de reforma
De Rong-Fang Homg e Ming-Pin Lai: Reciclagem de calor residual para combustível
Reformar, www.intechopen.com

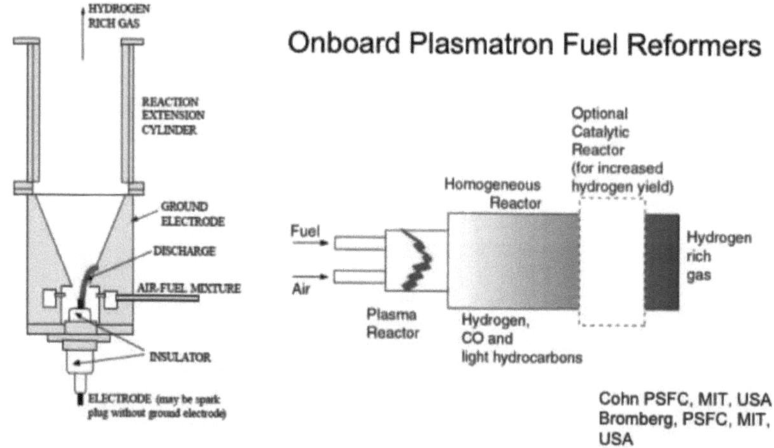

Fig.31: (a) Do relatório PSFCJA-00-7 Reduções de emissões utilizando hidrogénio de
conversores de combustível Plasmatron, 25 de outubro de 2000. Com a gentil autorização
de L. Bromberg. (b) De PSFC-JA-05-22 Plasmatron Fuel Reformer Development and
Internal Combustion Engine Vehicle Applications. Com a amável permissão de L.
Bromberg. 31 de agosto de 2005

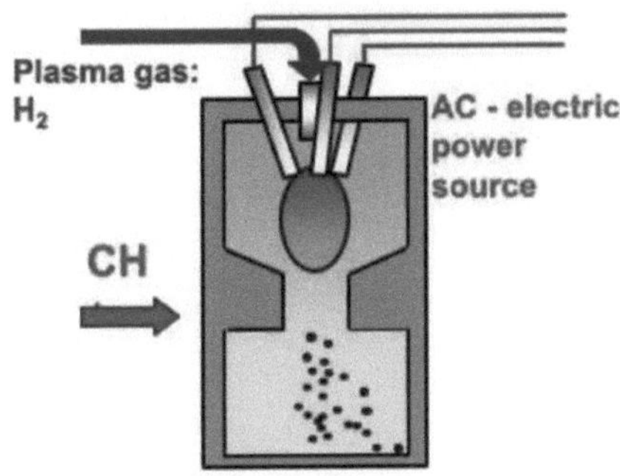

Fig.32: Gerador de plasma trifásico (corrente alternada de 50 Hz) que induz um movimento de arco muito particular que afecta a transferência de calor e de massa no interior do reator. Em contraste com as tochas de corrente contínua, que se caracterizam por uma elevada velocidade do gás de plasma, a tecnologia permite baixas velocidades, grandes volumes de alta temperatura e longos tempos de residência. Com a gentil permissão de Laurent Fulcheri, Mines ParisTech, França

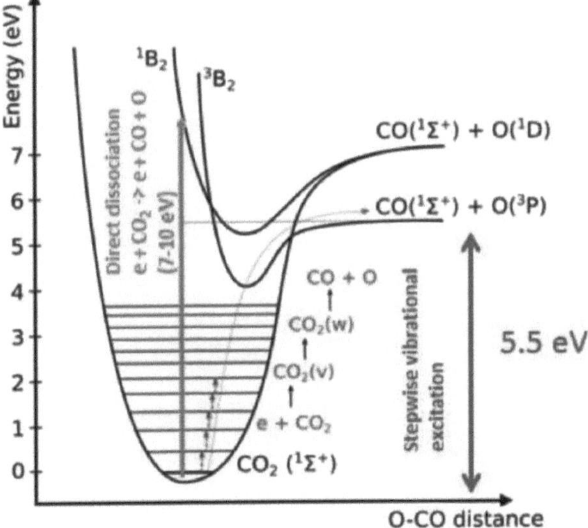

Fig.33: Diagrama esquemático de alguns níveis electrónicos e vibracionais do CO2, ilustrando que é necessária muito mais energia para a excitação-dissociação eletrónica direta do que para a excitação vibracional por etapas, ou seja, o chamado processo de subida de escada. De Faraday Discussions DOI: 10.1039/c5fd00053j com a gentil autorização deAnnemie Bogaerts, PLASMANT, Universidade de Antuérpia

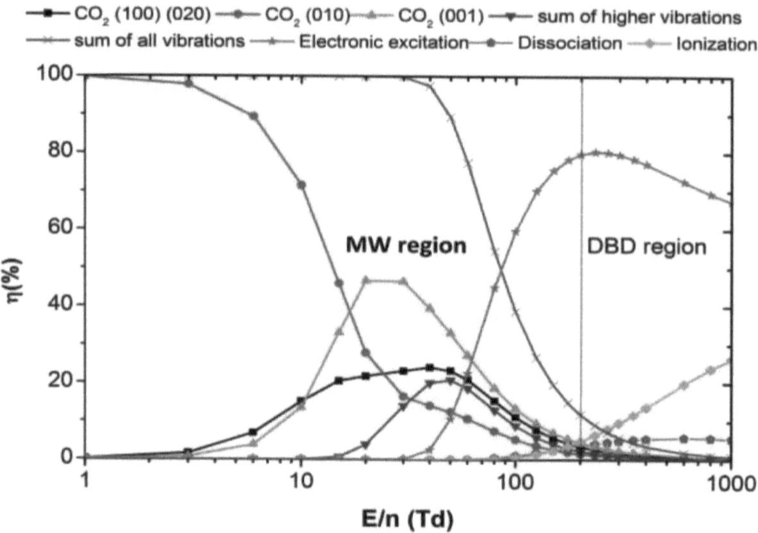

Fig.34: A fração da energia dos electrões transferida para diferentes canais de excitação, bem como para a ionização e dissociação do CO2, em função do campo elétrico reduzido (E/n). De Faraday Discussions DOI: 10.1039/c5fd00053j com a gentil permissão deAnnemie Bogaerts, PLASMANT, Universidade de Antuérpia

Closed carbon cycle based on synthetic hydrocarbon fuels

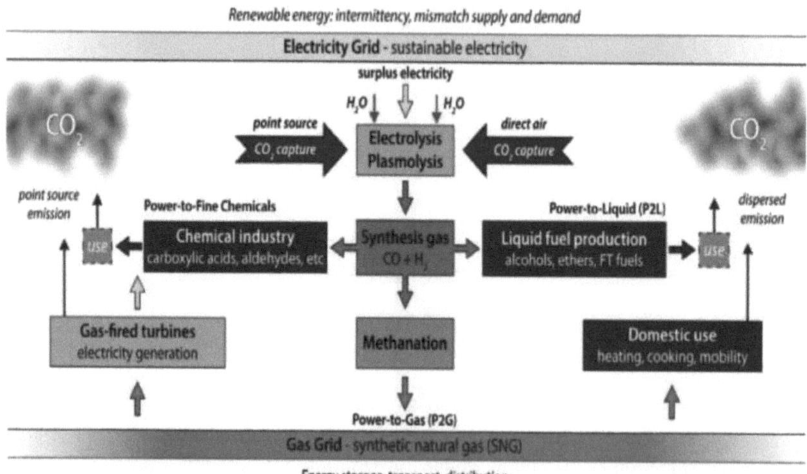

Fig.35: A possibilidade de reciclagem do CO₂ e a engenhosa combinação das redes de eletricidade e de gás para o armazenamento de energia conduziram ao conceito de CO₂ - combustíveis neutros

Referências

Abrams N A e Zhang X 2011: J. Applied Physics, 109, 114905

Akudo O A 2008: Teses de Mestrado da LSU Escola de Pós-Graduação

Alter 2017: http://www.alternrg.com/ Acedido em 26 de julho de 2017

Alter 2017a http://www.alternrg.com/waste_to_energy/projects/ Acedido em 26 de julho de 2017

Alter NRG 2017 http://www.alternrg.com/Accessed 7 Ago 2017

Aman-ur-Rehman et. al. 2011: Physics of Plasmas 18 (2011) 093502.

AnHTQ, Huu T P, Van T L, CormierJM, KhacefA2011: Catal Today, 176:474.

APP 2017: http://advancedplasmapower.com/Accessed 26 de julho de 2017

APP 2017a: https://waste-management-world.com/a/6m-for-waste- gasification-biomethane-to-grid-project-in-swindon Acedido em 26 de julho de 2017

APP 2017b: http://advancedplasmapower.com/ Acedido em 7 de agosto de 2017

APT 2017: http://www.plasmacombustion.com/Accessed 26 de julho de 2017

Asisov R I et. al. 1983: Sov. Phys., Doklady 271 94

Atwater H A e Polman A 2010: Nature Materials Vol 9, março 2010

Ausubel J H 2000: Industrial Physicist, Fev

Baba T, Shima M, Matsuyama T, Tsuge S, Wakisaka K e Tsuda S, 1995: Proc. 13th. European Photovoltaic Solar Energy Conf., Nice, H. S. Stephens &Associates, Bedford, 1708-1711.

Bai X D, Xu Z, Liu S & Wang E G 2005: Ciência e Tecnologia de Materiais Avançados 6, 804.

Bakken B H, Fossum M, Belsnes M 2001: 3º Simpósio Internacional de Energia, Ossiach, Áustria, 19-21

Bark Yu B et. al. 2000: Journal of Physics D: Física Aplicada, Volume 33, 859.

Becker K H 2000: Actas de um Workshop sobre "Processos Movidos a Electrões: Desafios científicos e oportunidades tecnológicas", Stevens Institute ofTechnology, 16 e 17 de março de 2000

Bogaerts A et. al. 2017: Fontes de Plasma Sci. Technol. 26 063001

Bohren C F e Huffman D R 2008: Wiley

Bongers W A et.al. 2015: 22º Simpósio Internacional de Química de Plasma 5-10 de julho, Antuérpia, Bélgica 0-15-4 1

Bouamra K, Blin-Simiand N, Jorand F, Pasquiers S, Postel C 2003: 16th International symposium on plasma chemistry, Taormina, [actas do simpósio].

Boulos M I 1996: Pure & Appl. Chem. 68 (5), 1007-1010

Boyle, P D. 2005: Proceeding ofthe Clean Coal and Power Conference, Washington, DC, 21-22 de novembro de 2005; disponível em http://www.powerspan.com/technology/eco_overview.shtml

BP 2016: Statistical Review ofWorld Energy junho www.bp.com/statisticalreview

Brandenburg R 2011: Monitorização, Controlo e Efeitos da Poluição Atmosférica (pp. 229-254). InTech.

Brandenburg R 2017: Fontes de Plasma Sci. Technol. 26 (2017) 053001

Brinza M, Adriaenssens G J 2005: J. Optoelectron. Adv. Mater. 7, (2005) 73-81

Broer S & Hammer T 2000: Applied Catalysis B: Ambiental, Vol. 28, pp. 101-111, ISSN 0926-3373

Bromberg L, et.al 1999: Int. J. Hydrogen Energy 24 (4) 341.

Bromberg L, Cohn D R, Rabinovich A, Alexeev N 2001: PSFC/RR-01-1, 2001.

Bromberg L, Cohn D R, Rabinovich A, Alexeev N, Samokhin N, Hadidi K 2006: PSFC JA-06-03, 2006.

Bromberg L, Cohn D R, Hadidi K, Heywood JB& Rabinovich A 2005: PSFC-JA-05-22 MIT

Bromberg L, Cohn D R, Rabinovich A, Heywood L 2001: J, Int. Hydrogen Energy 26, 1115-1121; apresentado na reunião DEER de 2000.

BrunoG, CapezzutoP, Madan A1995:eds., AcademicPresslnc,San Diego, 1995

Cai J e Qi L 2015: Mater. Horiz., 2, 37

Cambridege 2012: http://www.cam.ac.uk/research/news/solar-grade- silicon-at-low-cost

Carabin P & Gagnon J-R 2007: 2007 World of Coal Ash (WOCA), 7-10 de maio de 2007, Northern Kentucky, EUA

Centi G e Perathoner S 2009: Catal. Today, vol. 148, pp. 191-205, Nov.

Cha M S, Song Y-H, Lee J-0 & Kim SJ 2007: Revista Internacional de Ciência e Tecnologia Ambiental de Plasma, Vol. 1, pp. 28-33, ISSN 1881-8692

Chaffin, JHet al. 2006: Journal of Energy Engineering, 132, pp.104-108.

Chen G, Georgieva V, Godfriod T, Snyders R, Delplancke-Ogletree M P 2016:Appl. Catal. B: Environ., vol. 190, pp. 115-124.

Chen H L, Lee H M, Chen S H, Chao Y, Chang M B 2008: Appl Catal B Environ 2008;85:1-9.

Chmielewski A G, Ostapczuk A, Zimek Z, Licki J, Kubica K 2002: Radiat Phys Chem 63;3-6:653-655

Chmielewski A G 2004: In Radiation treatment ofgaseous and liquid effluents for contamination removal, Proceedings of a technical meeting held in Sofia, Bulgaria, 7-10 Sep 2004, IAEA Dec 2005

Chmielewski A G 2005: Nukleonika, janeiro

Cho W, Ju W S, Lee S H, Baek Y S, Kim Y C. 2004: Estudos em ciência de superfícies e catálise 153, Utilização de dióxido de carbono para a sustentabilidade global, Elsevier

CHO 2017: http://www.cho-power.com/en/Accessed 7 de agosto de 2017

Christodoulatos C, Becker K, Ricatto P J, Korfiatis G P, Kunhardt E E 2000: Proc. International Conf. Protection and Restoration of the Environment V, p 1021, 3-6 de julho, Thassos, Grécia, 2000

ChristyRW 1960: Journal ofApplied Physics, 31(9):1680-3.

Chu P K 2013: Lu X P(Ed) CRC Press 2013

Chu T L, 1977: J. Crystal Growth 39, 45-60.

Cifarelli L e Wagner F 2015: Ed. Escola Conjunta EPS-SIF Int. School on Energy, Varenna, ISBN 978-88-7438-094-7, A.P.H.Goede, pp. 357-380

Coburn J W 1982: Processamento 2 1

Columbia 2012: http://climate.columbia.edu/files/2012/04/GNCS-PFCs- Factsheet.pdf Acedido em 11 de agosto de 2017.

Columbia 2017: http://www.seas.columbia.edu/earth/wtert/faq.html

Cormier J M e Rusu I 2001: J Phys D Appl Phys, 34:2798-803.

Curtins H, Wyrsch N, Favre M, Shah A 1987: Plasma Chem. Plasma Process. 7, 267 (1987).

CzernikowskiA2001: Oil Gas Sci Technol Rev IFP 2001;2(56):181-98.

Darmon A, RollierJ-D, Duval E, Gonzalez-Aguilar J, Metkemeijer R 2006: 16ª Conferência Mundial sobre a Energia do Hidrogénio, junho de 2006, Lyon, França. 6 p., 2006.

De Bleecker K, Bogaerts A, Goedheer WJ& Gijbels R 2004: IEEE

Demeestere K et. al. 2005: Appl. Catal. B: Environ. 61, 140-149.

Deminsky M, Jivotov V, Potapkin B, Rusanov V 2002: Pure Appl Chem 2002;74(3):413-8.

Dodge E 2008: http://www.alliedplasma.com/wp- content/uploads/2013/09/Ed-Dodge-Cornell-Report.pdf

Doi Y, Nakanishi I e Konno Y 2000: Radiat. Phys. Chem. 2000

Dionne, J A, Sweatlock L, Atwater H A e Polman A 2005: Phys. Rev. B 72,075405.

Ducharme C 2010: Tese, Universidade de Columbia, setembro de 2010

Durme J V, DewulfJ, Leys C, Langenhove H V 2008: Appl Catal B Environ; 78:324-33.

E4tech junho de 2009: http://www.nnfcc.co.uk/tools/review-of-technologies-for-gasification-of-biomass-and-wastes-nnfcc-09-008 (2009)

EERE2017: https://energy.gov/eere/sunshot/multijunction-iii-v- photovoltaics-research Acedido em 10 de agosto de 2017

EPA2017: https://www.epa.gov/ghgemissions/global-greenhouse-gas- emissions-data, Acedido em 27 de julho de 2017

Europlasma2017a: https://waste-management-world.com/a/12-mw- concluída a instalação de gaseificação de plasma em França

Europlasma2017b: http://www.europlasma.com/en/home

Enersol 2017: http://www.enersoltech.com/ Acedido em 7 de agosto de 2017

Fabry F, Rehmet C, Rohani V, Fulcheri L 2013: Valorização de Resíduos e Biomassa, 4 (3), pp.421-439

Fang P H., Ephrath L. e Nowak W B 1974: Appl. Phys. Lett. 25, 583.

Fincke J R, Anderson R P, Hyde T A e Detering B A 2002: Ind. Eng. Chem. Res., 41 (6), pp 1425-1435

Fischer F e Tropsch H 1926: Brennstoff-Chem., 7, 97

Fridman A, Nester S, Kennedy L A, Saveliev A, Mutaf-Yardimci O (1998):. Progresso em Energia e Ciência da Combustão 1998;25 (2):211e31.

Fulcheri L, Schwob Y 1995: International Journal of Hydrogen Energy 1995;20:197.

Fulcheri L, Probst N, Flamant G, Fabry F, Grivei E, BourratX 2002: Carbono 40:169-176

Fulcheri L 2014: Workshop Solvay sobre Plasma para aplicações ambientais, abril

Fulkerson W, Judkins RR& Sanghui M K 1990: Sci. Am. 83-89.

Frank N W 1992: Radiat. Phys. Chem. 40, 267

Fridman A 2008: Plasma Chemistry, Cambridge University Press

Gabriel O, Kirner S, Klick M, Stannowski B e Schlatmann R 2014: EPJ Photovoltaics 5, 55202

Gage R M 1957: Arc Torches and process, U.S. Patent 2, 806, 124

GallagherA, Howling AA, Ch. Hollenstein 2002: Journal ofApplied Physics 91,5571.

Glocker B 2012: Manual de Tratamento de Plasma para Proteção do Ambiente, Plastep, Editado por Jogi I et.al.

Glocker B2017: http://www.ispc-conference.org/ispcproc/papers/173.pdf Acedido em 12 de agosto de 2017

Glvotov, V.K. et al. 1980: Hydrogen Energy, 6(5), pp.441-449.

Goede APHet. al. 2014: EPJ Web of Conferences 79, 01005

Goede APH 2015: CO2-neutral Fuels EPJ Web Conferences, 98, 07002,

Goede A & Van de Sanden R 2016: Europhysics News, Volume 47, Número 1, janeiro-fevereiro

Gomez-Ramirez A et. al. 2014: ACS Catal., vol. 4, pp. 402-408

Gordiet B F, Inestrosa-lzurieta M J, Navarro A, Bertran E 2011: Journal of Applied PhysicsHO 103302.

Grossmannova H, Neirynck D & Leys C 2006: Czech.J.Phys.56, 1156- 1161.

Halmann M M 1993: Boca Raton, FL: CRC Press.

HammerT 1999: Contribuições para a Física dos Plasmas, Vol. 39, No. 5, pp. 441
462, ISSN 0863-1042
HammerT, Kishimoto T, Miessner H & Rudolph R 1999: SAE Technical
Documento 1999-01-3632, ISSN 0148-7191
Hayama M, Kobayashi K, Kawamoto S, Miki H, Onishi Y, 1987: J. Non Cryst. Solids 97-
98, 273-276.
Heberlein J e Murphy A B 2008: journal of physics d applied physics, J.
Phys. D: Appl. Phys. 41
Ho W-J, Deng Y-J, Liu J-J, Feng S-K e Lin J-C 2017: Materials, 10, 21;
Holzer F, Roland U & Kopinke F D 2002: Appl. Catal. B: Environ. 38, 163181.
Holzer F, Kopinke FD& Roland U 2005: Plasma Chem. Plasma Process. 25 595-611.
Hsu C H et. al. 2004: Nano Letters 4, 471
Hu S-W, Wang Y, Wang X-Y , Chu T-W , e Liu X-Q 2003: J. Phys.
Chem. A, 107 (16), pp 2954-2963
Huang Y F et. al. 2007: Nature Nanotechnology 2, 770.
AIEA 2005: TECDOC 1473 Top of Form http://www-pub.iaea.org/mtcd/publications/pdf/te
1473 web.pdf Acedido em 13Ago 2017
AIE 2014: Agência Internacional da Energia, 9 rue de la Federation, 75739 Paris Cedex 15,
França
AIE 2015: World Energy Outlook 2015: Agência Internacional da Energia, 9 rue de la
Federation, 75739 Paris Cedex 15, França
Illuzzi F & Thewissen H 2010: Journal of Integrative Environmental Sciences, 7:S1, 201-
210, DOI: 10.1080/19438151003621417
InEnTec 2017: http://www.inentec.com/ Acedido em 7 de agosto de 2017
Jadkar S R et. al. 2007: Sol. Energ. Mater. Sol. Cells, 91,714-720
Jager-Waldau A 2016: PV Status Report 2016, outubro, Comissão Europeia,
Jain V, Visani A, Patil C, Patel B K, Sharma P K, John P I, Nema S K 2014: Ciência e
Aplicações de Plasma (ICPSA 2013) Jornal Internacional de Física Moderna: Série de
conferências Vol. 32 1460345 (8 páginas
Jiang Z, Xiao T, Kuznetzov V L e Edwards P P 2010: Phil. Trans. R. Soc. A 368,3343-3364
Jiang T, Li Y, Liu C, Xu G, Eliasson B, Xue B 2002: Catalysis Today ;72
Jones RT 1993: Segundo Simpósio Internacional de Plasma: World progress in plasma
applications, organizado pelo CMP (Center for Materials Production) do EPRI (Electric
Power Research Institute), 9-11 de fevereiro, Palo Alto, Califórnia.
John P I 2005: Plasma Sciences and the Creation of Wealth Tata McGraw- Hill Education,
2005
Joseph K 2007: https://www.researchgate.net/profile/Kurian_Joseph2/publication/24230998
6_LESSONS_FROM_MUNICIPAL_SOLID_WASTE_PROCESSING_INITI
ATIVES_IN_INDIA/links/00463529d8fc0bcc15000000.pdfAcessado em 13 Ago 2017
JuniperTechnical Report2008: http://energy.cleartheair.org.hk/wp-
content/uploads/2013/09/WestinghousePlasmaGasification.pdf Acedido em 14 de agosto de
2017
Kang M et. al. 2005: J. Photochem. Photobiol. A 173 (2005) 128-136.
Kappes T, Schiene W, Hammer T 2002: Eighth international symposium of high pressure
low temperature plasma chemistry, Pyhajarve, Estonia, .
Kherani N P 2015: Excitonic and Photonic Processes in Materials, 37 Springer Series in
Materials Science J. Singh e R. T. Williams (eds.), Springer Science+Business Media
Singapore 2015

Kim H 2004: Plasma Processes and Polymers, p. 91 -110

Kim H-H 2004a: Conferência de Aplicações Industriais, 39ª Reunião Anual da IAS. Registo da Conferência do IEEE 2004

Kim H H, Ogata A & Futamura S 2006: IEEE Trans. Plasma Sci. 34, 984995.

Knoef HAM 2005: Manual. Biomass Gasification. BTG, Países Baixos, ISBN: 90-810068-2005-380.

Kogelschatz U 2003: Química de Plasma e Processamento de Plasma, Vol. 23, No. 1, março

Kozak T & Bogaerts A 2014: Ciência e Tecnologia das Fontes de Plasma,

Kristoferson L A, Bokalders V2013: Elsevier

Kurokawa K 2003: Energia do deserto: Viabilidade de sistemas de produção de energia fotovoltaica em muito grande escala (VLS-PV). James & James Ltd, Hong Kong

Kurucz C N, Waite T D, Cooper W J 1995: Radiat Phys Chem 45;2:299-308

Lavoie J M 2014: Front. Chem, https://doi.org/10.3389/fchem.2014.00081

Lieberman M A, Booth J P, Chabert P, RaxJM& Turner M M 2002: Plasma Sources Science and Technology 11, 283.

Lieberman MA& Lichtenberg A J 1994: Principles of Plasma Discharges and Materials Processing, 2ª ed., Wiley, Nova Iorque, 2005.

Lieberman M A, Lichtenberg A J 2005: Principles of Plasma Discharges and Materials Processing, 2ª ed., Wiley, NewYork, 1994

Littlewood K 1977: Gasification- Theory and Application, Progress in Energy and Combustion Science, 3, 35-71

Liu Y-X, Zhang Y-R, Bogaerts A, Wang Y-N 2015: J. Vac. Sci. Technol. A 33(2), Mar/Abr

Liu C J, Mallinson R , Lobban L 1998: J. Catal. , 179, 326.

Lynum S, Hildrum R, Hox K, Huglahl J, Kv®rner 1998: Actas da 12ª conferência mundial sobre a energia do hidrogénio. .

Maezawa A e Izutsu M, Penetrante B M, Schultheis S E 1995: NonThermal Plasma Techniques for Pollution Control NATO ASI Series 1995

Matsuda A 1983: Jornal de Sólidos Não-Cristalinos 59-60, 767

Matsuda A 1999: Thin Solid Films 337, 1

Matsuda A 2004: Journal of Non-Crystalline Solids, vol. 338-340, pp. 1{12, junho.

Matsuda A, Nomoto K, Takeuchi Y, Suzuki A, Yuuki A 1990: J. Perrin, Surface Science 227, 50.

Matsumoto T, Wang D, Namihira T & Akiyama H 2012: "Air Pollution - A Comprehensive Perspective", livro editado por Budi Haryanto, ISBN 978953-51-0705-7, Publicado: lntech, 22 de agosto de 2012

Matveev I, Matveyeya S, Kirchuk S, Zverev S 2009: 5º Workshop Internacional e Exposição sobre Combustão Assistida por Plasma (IWEPAC), Alexandria, Virgínia, EUA 66-68

McAdams R 2003: DEER 2003, Newport, Rhode Island 28 de agosto

McAdams R, Beech P & Shawcross J T 2008: Plasma Chemistry and Plasma Processing, Vol. 28, pp. 159-171, ISSN 0272-4324

McCormick C S, Weber C E, Abelson J R, Davis G A, Weiss R E, Aebi V 1997: J. Vac. Sci. Technol. A 15, (1997) 2770.

McGillivary D et. al http://franke.uchicago.edu/bigproblems/BPR029000- 2015/Team10-Paper.pdfAcessado em 7 de agosto de 2017

Meillaud F et. al. 2015: Materials Today Vol 18, Issue 7, 378-384

Mertz J 2000: J. Opt. Soc. Am. B 17, 1906-1913 Messerle V E, et. al. (2014): 2nd Congresso Mundial de Petroquímica e

Engenharia Química, EUA 27-29 de outubro.

Mikkelsen M, Jorgensen M & Krebs F C 2010: Energy Environ. Sci. 3, 4381. (doi:10.1039/b912904a)

Millard M 1974: Techniques and Applications of Plasma Chemistry, JR Hollahan and AT Bell (Eds.), J. Wiley, NewYork.

Mills S 2015: IEACCC Ref: CCC/254 ISBN: 978-92-9029-576-1 IEA Clean Coal Centre, junho

Mizuno A, Clements J S e Davis R 1984: Conf. Rec. - IAS Ann. Meet. , 1015.

Mizuno A 2007: Plasma Physics and Controlled Fusion, 49, A1-A15, ISSN 0741-3335

Mizuno T, Akimoto T & Ohmori T 2002: In Proc. 4th meeting JCF .... pp. 1-34. Disponível em: http://free-energy-info.com/P3.pdf.

Mok YS& Huh Y J 2005: Química de Plasma e Processamento de Plasma, Vol. 25, pp. 625- 639, ISSN 0272-4324

Moravej M, Babayan S E, Nowling G R, Yang X, e Hicks R F 2004: Fontes de Plasma Sci. Technol. 13 8-14

Moreno M, Daineka D, Cabarrocas P R I 2010: Solar Energy Materials and Solar Cells 94, 733.

Moreno M et. al. 2016: Sólidos cristalinos e não cristalinos, Capítulo: 8, Intech, Editores: Pietro Mandracci, pp.147-171

Morrin S, Lettieri P, Chapman C, Mazzei L 2012: Waste Manag. 32, 676684

Moustakas K et. al. 2008: Journal of Hazardous Materials 151,473-480

Muller S e Zahn R J 2007: Contribuições para a Física dos Plasmas, 7, p. 520 - 529.

Muradova N Z, Veziroglu T N 2008: Int. Journal of Hydrogen Energy;33: 6804.

Murri R 2017: Células solares de película fina à base de silício Ed (Roberto Murri) DOI: 10.2174/97816080551801130101 Bentham

Mutaf-yardimci, O. et al. 1998: Int. Journal of Hydrogen Energy, 23, pp.1109.

Nakamura K, Yoshida K, Takeoka S & Shimizu I 1995: Jornal Japonês de Física Aplicada 34, 442.

Nguyen S V 1988: Handbook ofThin Film Deposition Processes and Techniques, K.K. Schuegraf, Ed., Noyes Publications, Park Ridge, NJ, pp. 112-141.

Neyts E C e Bogaerts A 2014: J. Phys (D) App. Phys. 47, 224010

Neyts E C, Ostrikov K, Sunkara M K, Bogaerts A 2015: Chem. Rev., 115 (24), pp 13408-13446

Ni, G. et al. 2011: Int. Journal of Hydrogen Energy, 36(20), pp.1286912876.

Nienhuis G J et. al. 1997: Journal ofApplied Physics 82 2060.

Nozaki T,, Hattori A, Okazaki K 2004: Catal Today, 98: 607-16.

NRL 2014: https://www.nrl.navy.mil/media/news-releases/2014/

Okumura T 2010: Physics Research International Volume 2010, ID 164249

Olah, G. A. 2005: Angew. Chem. Int. Edn 44, 2636-2639.

Ostrikov K 2005: Reviews of Modern Physics 77, 489.

Ozbay E 2006: Science Vol311,13Jan

PaulmierT, Fulcheri L 2005: Chem Eng J; 106:59-71.

PEAT 2017: http://www.peat.com/plasmatorches.html Acedido em 7 de agosto de 2017

Penetrante B M e Schultheis S E 1995: Non-Thermal Plasma Techniques for Pollution Control NATO ASI Series

Penetrante B M 1998: Combust. Sci. Technol. 133 (1998) 135-150.

Penetrante B M et. al. (1998): Documento Técnico SAE 982508 (outubro de 1998)

Petitpas G et. al. 2007: Int. Journal of Hydrogen Energy 32, 2848 - 2867

Plasco 2017: http://plascotechnoloqies.com/ Acedido em 7 de agosto de 2017

Plasco 2017a: http://plascotechnoloqies.com/

Plasco 2017b: https://waste-management-world.com/a/150-000-tpa- plasma-arc-gasification-waste-to-energy-plant-for-ottawa

Plasco 2017c: http://www.primaryprofile.com/Plasco-Energy-Group Acesso em 10 de agosto de 2017

PlasmaArc 2017: http://www.plasmaarctech.com/company/Accessed 7 Ago 2017

Poortmans J, Arkhipov V 2006: Thin Film Solar Cells: Fabrication, Characterization and Applications, John Wiley & Sons, 02-Out

Pourali, M 2010: Sustainable Energy, IEEE Transactions on , vol.1, no.3, pp.125-130, Oct. 2010 doi: 10.1109/TSTE.2010.2061242

PerretA, Chabert P, Jolly J, Booth J P 2005: Applied Physics Letters 86, 021501.

Pyro 2017: http://www.pyroqenesis.com/ Acedido em 7 de agosto de 2017

Raether, H 1988: SpringerTracts in Modern Physics III, Springer.

Ravary B, Fulcheri L, Fabry F e Flamant G 1997: Actas ISPC-13 (13° Simpósio Internacional de Química dos Plasmas), 18-22 de agosto de 1997, Pequim, China, Vol. I, editado por C.K. Wu, Imprensa da Universidade de Pequim, pp 219225

Rentsch J et. al. 2004: Actas da 19ª Conferência Europeia sobre Energia Solar Fotovoltaica, WIP-Munique e ETA-Florença, Paris, França, p. 891.

Rider A E, Ostrikov K, Furman S A 2012: European Physical Journal D 66, 226.

RollierJ D, Fulcheri L, Gonzalez-AguilarJ 2005: 17° Simpósio Internacional de Química do Plasma, Toronto.

RusanovV D, Fridman AA, Sholin G V 1981: Física Soviética Uspekhi ; 24(6):447

Rutberg P 2009: Physics and technology of high-current discharges in dense gas media and flows, Nova Science Publishers Inc, New York

Rutberg Ph Get.al. 2011: Biomassa e Bioenergia 35, 495-504 (2011)

Ryu S H et. al. 2009: Journal of the Korean Physical Society 54, 1016.

Sanders N A, Pfender E 1984: J. Appl. Phys. 55, 714.

Santana G , Morales-Acevedo A 2000: Solar Energy Materials & Solar Cdls 60, 135-142

Schmidt J, Moschner J D, Henze J, Dauwe S, Hezel R 2004: Proc. 19th EUPVSEC, Paris, França, p. 391.

Sekine Y et. al. 2007: Int. Journal of Hydrogen Energy 32, 2848- 2867

Shah A, Torrres P, Tscharner R, Wyrsch N, Keppner H 1999: Science Vol 285, 30 de julho

Shah A., Meier J., Torres P., Kroll U., Fischer D., Beck N., Wyrsch N. e Keppner H. 1997: Conf. Registo 26. IEEE Photovoltaic Specialists Conf., Anaheim, IEEE Press, Piscataway, 569-574.

Shah Y T 2017: Energia química do gás natural e sintético CRC Press, 16-Mar-2017

Shapoval S Y et. al. 1991: J. Vac. Sci. Technol. A 9 (6), Nov/Dez

Shchukin V, Ledentsov NN& Bimberg D 2003: Epitaxy of Nanostructures, Springer, Berlin/Heidelberg.

Seeger K & Palmer R E 1999: Applied Physics Letters 74, 1627.

Siemens W (1857): Poggendorff's Ann. Phys. Chem. 102, 66.

Silva, T. et al., 2014: Ciência e Tecnologia de Fontes de Plasma, 23(2), p.025009.

Smil V 2014: Scientific American 310, 52 - 57

Soppe W, Rieffe H e WeeberA 2005: Prog. Photovolt: Res. Appl. 13:551-569

Soppe W J, Duijvelaar BG& Schiermeier SEA 2000: Actas da 16ª Conferência Europeia sobre Energia Solar Fotovoltaica, James & James (Science Publishers) Ltd., Glasgow, Reino Unido, pp. 1420-1423.

Spark2017: https://spark.adobe.com/page/kOKNI/ Acedido em 13Ago 2017

Staebler D L e Wronski C R 1977: J. Appl. Phys. 31, 292.

Stanford 2017: https://www-cdn.law.stanford.edu/wp-content/uploads/2017/03/2017-03-20-Stanford-China-Report.pdf

Stocks M J, Cuevas A, Blakers A W 1977: Proc. 14th EUPVSEC, Barcelona, Espanha, p. 770.

Strahm B et. al. 2007: Solar Energy Materials and SolarCells, vol. 91, pp. 495{502, Mar

Stutzmann M 1989: Philos. Mag. B: Phys. Condens. Matter60, 531-546. doi: 10.1080/13642818908205926.

Stuart H R e Hall D G 1996: Appl. Phys. Lett. 69, 2327-2329 (1996).

Styring P, Quadrelli E A e Armstrong K 2015: Carbon Dioxide Utilization: Fechando o ciclo do carbono (Amesterdão: Elsevier)

Subrahmanyam C et. al. 2006: Appl. Catal. B: Environ. 65, 150-156.

Sano T, Negishi T, Sakai N & Matsuzawa S 2006: J. Mol. Catal. A: Chem. 245, 235-241.

Stangl J, Holy V & Bauer C 2004: Reviews of Modern Physics 76, 725.

Tada T et. al. 1998: Journal of Physics D - Applied Physics 31, L21.

Tetronics 2017: http://tetronics.com/

Thomson E A 2003: MIT News, 22 de outubro de 2003

Tochikubo F e Arai H, 2002: Jpn. J. Appl. Phys., Vol. 41, 844-852

Tonkyn R G, Barlow SE& Hoard J W 2003: Applied Catalysis B: Ambiental, Vol. 40, p. 207, ISSN 0926-3373

Toshiki K et. al. Jornal Japonês de Física Aplicada, Volume 32, Parte 1, Número 11A

Tsai C C, Anderson G B, Thompson R & Wacker B 1989: Journal of NonCrystalline Solids 114, 151.

Tsukijihara K, Okazaki K, Nozaki K 2005: 17º Simpósio Internacional de Química de Plasmas, Toronto.

Van Durme J 2008: Applied Catalysis B: Ambiental 78, 324-333

Venturi M, D'Angelantonio M 2017: Aplicações da química das radiações nos domínios da indústria, da biotecnologia e do ambiente Springer, 09-Abr

Vynck K, Burresi M, Riboli F, Wiers D S 2012: Nature Materials, 11,10171022

Resíduos 2017: https://waste-management-world.com/a/plasma-gasification- clean-renewable-fuel-through-vaporization-of-waste

Watanabe T et. al. 1987: Jpn. J. Appl. Phys. 26, 8, 1215.

Whitehead J C 2016: Jornal de Física D: Física Aplicada, Vol. 49, Número 24

BadejoK2013: http://wtert.com.bi7home2010/arquivo/noticiaseventos/WSP%20Waste%20to%20Energy%20Technical%20Report%20Stage%20Two.pdfAcessado em 13Ago 2017

Willis K P, Osada S , Willerton K L 2010: Actas da 18ª Conferência Anual Norte-Americana sobre Resíduos para Energia NAWTEC18, 11-13 de maio, Orlando, Florida,

WMW 2017: https://waste-management-world.com/a/plasma-gasification- clean-renewable-fuel-through-vaporization-of-waste, Acedido em 11 de agosto de 2017

Woskov P P 1996: Rev. Sci. Instrum., 67, 3700

Wuhan 2017: Mundo da gestão de resíduos. 30 Jan. 2013.

Yan K et. al. 2002: Simpósio Internacional e Workshop de Alta Tensão, Hollywood.

Yang M C 2005: Cartas Electroquímicas e de Estado Sólido 8, C131.

Yoo J S et. al. 2006: Solar Energy Materials and Solar Cells 90 (2006) 3085

Zhao J, Wang A, Green M. A, Ferrazza F 1998: Appl. Phys. Lett. 73, 1991

Zhao J, Wang A. & Green M A 2009: Prog. Photovolt, Vol. 7, p. 471.

Zhang Y et. al. 2015: J. Vac. Sci. Technol. A 33(3), maio/Jun

Zhu X-M et. al. 2007: Journal of Physics D: Applied Physics, vol. 40, pp. 7019{7023, Nov.

More
Books!

info@omniscriptum.com
www.omniscriptum.com
OMNIScriptum